Sabina Singh (Shrestha)

Fetos e espécies de fetos do Parque Nacional Shivapuri Nagarjun, Nepal

Sabina Singh (Shrestha)

Fetos e espécies de fetos do Parque Nacional Shivapuri Nagarjun, Nepal

Imprint

Any brand names and product names mentioned in this book are subject to trademark, brand or patent protection and are trademarks or registered trademarks of their respective holders. The use of brand names, product names, common names, trade names, product descriptions etc. even without a particular marking in this work is in no way to be construed to mean that such names may be regarded as unrestricted in respect of trademark and brand protection legislation and could thus be used by anyone.

Cover image: www.ingimage.com

This book is a translation from the original published under ISBN 978-620-2-05698-4.

Publisher:
Sciencia Scripts
is a trademark of
Dodo Books Indian Ocean Ltd. and OmniScriptum S.R.L publishing group

120 High Road, East Finchley, London, N2 9ED, United Kingdom
Str. Armeneasca 28/1, office 1, Chisinau MD-2012, Republic of Moldova, Europe
Printed at: see last page
ISBN: 978-620-7-75328-4

Conteúdo

CAPÍTULO 1

Introdução

O Nepal é um país predominantemente montanhoso. O reino do Nepal ocupa o sector central dos Himalaias, que se estende de leste a oeste por cerca de 900 km (Mani 1984). Os Himalaias do Nepal, com a sua posição única no sector central do sistema montanhoso dos Himalaias, representam a zona de transição entre os dois ambientes diferentes dos Himalaias orientais e ocidentais (Shani 1981, Shrestha e Joshi 1996). As colinas e montanhas ocupam mais de 78% da área geográfica total do Nepal. Apresenta diferenças topográficas extremas (70m a 8.848m) e abrange quase todas as zonas climáticas do mundo, o que resultou numa variabilidade habitual na composição da vegetação (Hagen 1960). No Terai e no Bhabar, o clima é tropical e subtropical, enquanto no centro é temperado. A região dos Himalaias interiores e exteriores, bem como as terras marginais do Tibete, contêm tipos de vegetação subalpina e alpina.

A biodiversidade do Nepal presente nas terras florestais é de importância internacional, tanto do ponto de vista da riqueza de espécies como da diversidade de habitats e ecossistemas (HMGN/MFSC 2002). Embora partilhe 0,1% da superfície terrestre total do mundo, alberga 2% das plantas com flor do mundo, incluindo 5% de flora endémica (Shrestha 1998). O Nepal ocupa a décima posição em termos de riqueza de diversidade de plantas com flor na Ásia (BPP 1995). O número de plantas com flor enumeradas no Nepal é de 5716 espécies pertencentes a 229 famílias e 1574 géneros (Press *et al.* 2005).

O vale de Catmandu, situado entre 27° 34', N e 27° 48', N de latitude e 85° 10', E e 85° 32', E de longitude, é constituído por três distritos principais. Kathmandu, Lalitpur e Bhaktapur, e Kathmandu, a capital do Nepal, situa-se neste distrito. É um vale em forma de pires, com o fundo do vale a cerca de 1350 m de altitude, rodeado por montanhas, estando o pico mais alto Phulchoki (2715 m) situado no canto sudeste do vale. A sua área é de aproximadamente 650 Km^2. O fundo do vale é relativamente plano e intercalado por dois rios principais, o Bagmati e o Vishnumati, juntamente com os seus afluentes. O vale de Catmandu é caracterizado por um clima típico de monção, com um verão chuvoso e um inverno seco

CAPÍTULO 2

Descrição da zona de estudo

Fisiografia do ShNP

O Parque Nacional de Shivapuri Nagarjun (ShNNP) foi inicialmente criado como Reserva da Bacia Hidrográfica de Shivapuri em 1976 e como Reserva da Bacia Hidrográfica e da Vida Selvagem de Shivapuri em 1984. O ShNNP foi declarado como o nono parque nacional do país ao abrigo da Lei de Conservação dos Parques Nacionais e da Vida Selvagem de 1973 e do Regulamento de Conservação dos Parques Nacionais e da Vida Selvagem de 1974. Adoptou a categoria de gestão II da UICN como área protegida. O parque está situado entre 27° 45' e 27° 52' de latitude norte. Abrange uma área de cerca de 144 km² dos distritos de Katmandu, Nuwakot e Sindhupalchowk da Região de Desenvolvimento Central. O parque estende-se por cerca de 20-24 km de leste a oeste e cerca de 8-10 km de norte a sul. Os limites do parque estão bem demarcados com um muro de 111 km de comprimento à volta do parque. O muro de delimitação estende-se ao longo/entre vários comités de desenvolvimento das aldeias (VDC) que incluem Talakhu, Chhap, Likhu, Samundradevi, Sikre, Sunkhani e Thanapati do distrito de Nuwakot, a norte, e Bajrayogini, Baluwa, Chapali, Bhadrakali, Gagalphedi, Jhor Mahankal, Nayapati, Sangla, Sundarijal e Bishnu Budhanilkantha do distrito de Kathmandu, a sul. Bhotechaur, Haibung e Naglebare VDC do distrito de Sindhupalchok situam-se na fronteira oriental, enquanto Okharpauwa e Kakani do distrito de Nuwakot se situam na fronteira ocidental do parque. É a zona protegida que se insere inteiramente na cordilheira média do Nepal. O nome do parque deriva também do antigo nome Shiphuchd, que representa o pico do azevinho dos bosques (ShNP Management Plan 2004).

As zonas protegidas são amplamente consideradas como um dos meios mais eficazes de conservação da diversidade biológica in situ. A Convenção sobre a Diversidade Biológica define as zonas protegidas como "uma área geograficamente definida que é designada ou regulamentada e gerida para atingir objectivos de conservação específicos". A UICN, a União Mundial para a Conservação da Natureza, define áreas protegidas como "uma área de terra e/ou mar especialmente dedicada à proteção e manutenção da diversidade biológica e dos recursos naturais e culturais associados, gerida por meios legais ou outros meios eficazes".

A gestão das zonas protegidas no Nepal recebeu um verdadeiro impulso na década de 1970. Não só foram acrescentadas zonas protegidas, como também se intensificaram as acções de proteção e conservação das mesmas. A primeira abordagem organizada da gestão de zonas protegidas no Nepal remonta a 1973, com a criação do Parque Nacional de Chitwan. Atualmente, as zonas protegidas do Nepal incluem dez parques nacionais, três reservas de vida selvagem, uma reserva de caça, seis zonas de conservação e doze zonas-tampão que cobrem uma área de 34 185,62 km2 , ou seja, 23,23% da área total do país (www.dnpwc.gov.np

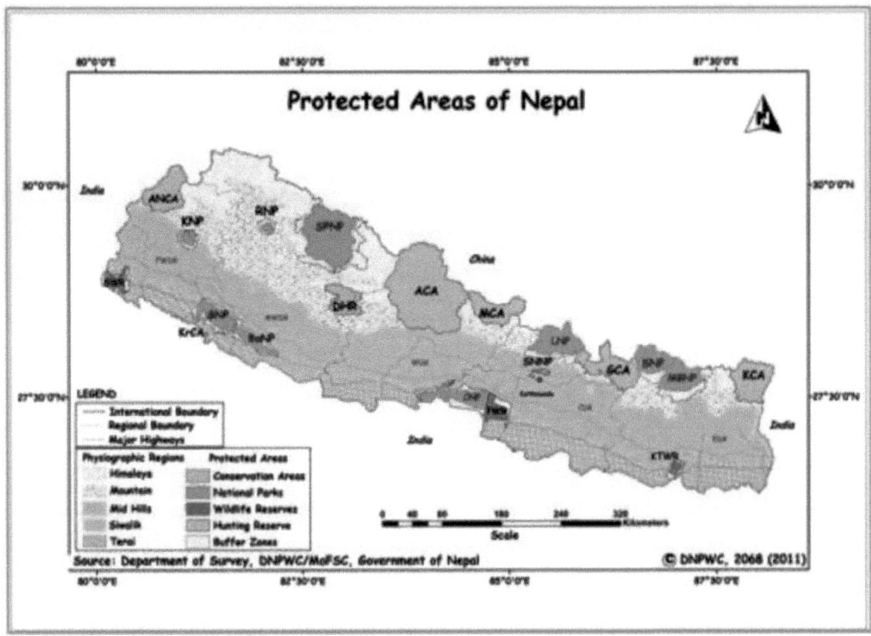

Fonte: Departamento de Inquéritos, DNPWC/MOFSC, GON

Figura 1. Áreas protegidas do Nepal

O Parque Nacional de Banke (BaNP) foi criado como o décimo Parque Nacional em 12th de julho de 2010, o que reflecte o empenho do Governo na conservação da biodiversidade ao nível da paisagem.

A extensão de uma área de 15 quilómetros quadrados da colina de Nagarjun ao Parque Nacional, a oeste, foi notificada em 26th de fevereiro de 2009, a fim de proporcionar um habitat alargado à população selvagem e representar ecossistemas intactos de meia colina, cuja representação é comparativamente baixa no sistema de áreas protegidas. No total, o Parque Nacional Shivapuri Nagarjun (SNNP) cobre uma área de 159 quilómetros quadrados. Além disso, estão a ser tomadas iniciativas para declarar a área dentro e em redor do Parque Nacional Shivapuri Nagarjun como zona tampão.

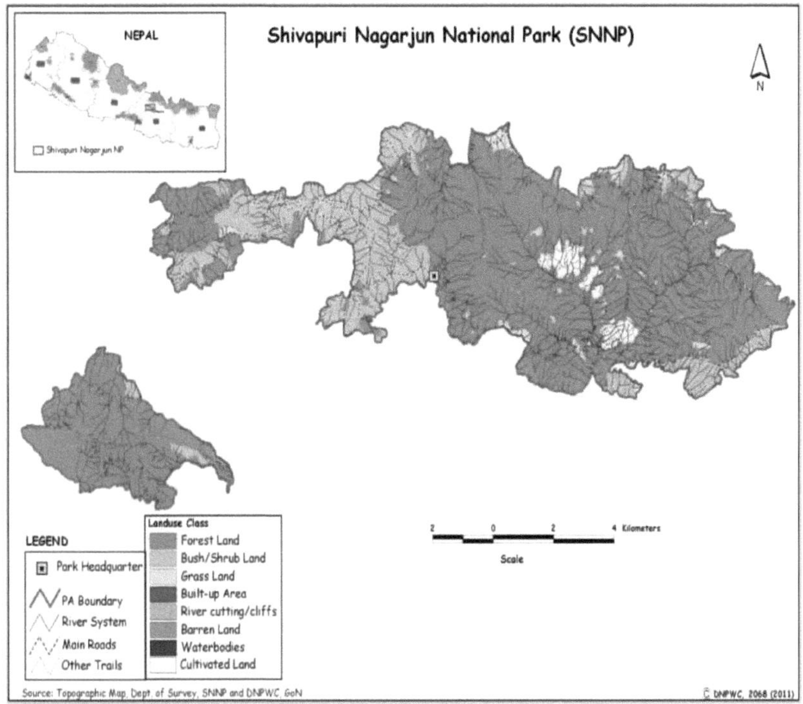

Figure 2. Mapa do Parque Nacional de Shivapuri Nagarjun

Histórico

A exploração pioneira de plantas e o trabalho taxonómico sobre as pteridófitas nepalesas, juntamente com outros grupos de plantas, começaram com o trabalho de um botânico britânico. Desde então, os pteridólogos britânicos, japoneses, indianos, suíços, chineses, alemães, nepaleses, neozelandeses e outros botânicos e naturalistas desempenharam um papel proeminente na recolha e no estudo taxonómico das pteridófitas do Nepal.

As Pteridófitas do Nepal foram recolhidas por muitos botânicos estrangeiros e nepaleses. Banerji (1961) registou cinco espécies de Ophioglossales do Nepal e 84 espécies de Pteridófitas do Nepal oriental (Banerji 1972), das quais 24 espécies eram novas para o Nepal. Pandey (1962), ex-chefe do Departamento Central de Botânica da Universidade de Tribhuvan, coleccionou Pteridófitas do vale de Katmandu e publicou uma lista de 65 espécies.

Christopher Roy Fraser-Jenkins estudou os fetos em herbários de todo o mundo. Recolheu cerca de 4000 espécimes de pteridófitas. Cerca de 50 espécimes importantes, não representados anteriormente no herbário, estão depositados no KATH (Thapa 2000). Publicou (2008) *Taxonomic revision of three hundred Indian Subcontinental Pteridophytes (Revisão taxonómica de trezentas pteridófitas subcontinentais indianas)*. Registou muitas espécies, juntamente com dezenas de novos registos para o Nepal.

Iwatsuki (1988) publicou *Enumeration of Nepalese Pteridophytes* que consiste numa listagem de 383 espécies de fetos e fetos-aliados. Bhattarai (1997) publicou Fern *and Fern allies of Pokhara valley*, que abrangeu quase 50% dos taxa conhecidos da zona. Gurung (1997) publicou *Distribution of Pteridophyte Flora in Nepal Himalaya*, uma lista de controlo das pteridófitas nepalesas com 582 espécies. Thapa (2000) registou 79 espécies de fetos da zona de Jaljale-Milke, no Nepal oriental.

Siwakoti e Sharma (1998) enumeraram 95 espécies de fetos do Nepal oriental (zona de Koshi). A família polypodiaceae ocupa a posição cimeira. Thapa e Siwakoti (2002/03) referiram *Thelypteris interrupta* como nova no Nepal, proveniente da zona húmida de Ghodaghodi no distrito de Kailali.

CAPÍTULO 3

Contas taxonómicas

Lycopodiaceae

Ervas perenes, sempre-verdes, terrestres ou epífitas. Caules erectos ou prostrados, bastante ramificados; ramos folhosos, mais ou menos alongados, dicotómicos ou pinados; folhas pequenas, simples, com 1 nervura, sem lígula, na sua maioria dispostas em espiral. Homosporos; esporângios solitários nas axilas das folhas-esporofilas ou em espigas terminais nas axilas das folhas modificadas ou brácteas.

Huperzia Bernh.

Ervas epífitas e terrestres. Caule ereto, enraizando apenas na base da planta, exceto em *Huperzia phlegmaria* onde o caule é rasteiro e o enraizamento é ao longo do caule. Aqui os esporângios encontram-se nas axilas das folhas e não se organizam em cones ou estróbilos.

Chave dos géneros

Caule geralmente ereto, enraizamento apenas na base da planta, esporângios encontrados nas axilas das folhas, ausência de espiga ou cone. --- *Huperzia*

Caule rastejante, enraizamento ao longo do caule, espigas ou cones *Lycopodium*

Chave para as espécies

Epífita, folhas oblongas e espessas -----------------------*Huperzia hamiltonii*

Terrestre, folhas lineares e comprimidas ------------- *Huperzia pulcherima*

Huperzia hamiltonii (Spreng.) Trevis, *Atti Soc. Ital. Sci. Nat.* **17**: 248 (1875); Thapa, *Pterid.*

Nep. 19: 22 (2002). *Lycopodium hamiltonii* Spreng., Veg. 5: 492(1828); Iwats., *Fl. E. Him.* 3: 166 (1975); Bull. Dept. Med. Pl. Nep. 11:6 (1986).

Rizomas curtos, rastejantes, tufados. Caules erectos, simples na base 5-7 vezes dicotomicamente bifurcados no ápice. Folhas de dois tipos, lineares ou oblongas, decurrentes, espessas, inteiras, com nervuras, retorcidas; folhas maiores na parte inferior do ramo, e finas, brácteas, ovado-deltóides, imbricadas; folhas pequenas nas partes superiores. Esporângios livres, solitários nas axilas, reniformes ou orbiculares e comprimidos.

Frutificação: junho - julho

Espécime de registro: Kakani, 2350m, 25 de julho de 2008, Sabina 444 (TUCH). Epífita em tronco de árvore musgoso, principalmente em partes sombreadas da floresta, ocasião.

Distribuição: CE. Nepal, alt.: 1500-2100m; Himalaias, Indochina, S. China, Formosa e S. Japão.

Huperzia pulcherrima (Wall. Ex Hook. & Grev.) Pich. Serm., *Webbia* **25** (1): 219-297 (1970); Thapa, *Pterid. Nep.* 19: 23 (2002). *Lycopodiumpulcherrimum* Wall. ex Hook. & Grev., *Ic. Fil.*: t.38 (1827); Iwats. *Fl. E. Him.* 3: 167 (1975).

Caules pendulculares de 1 a 2 metros de comprimento, várias vezes bifurcados dicotomicamente com um diâmetro de 1/3 de polegada, incluindo as folhas comprimidas. Folhas amontoadas, ascendentes, lineares, inteiras, verdes, com %- 1/3 polegada de comprimento, margem frequentemente bastante involuta ou involuta; nervura mediana distinta. Esporângios nas axilas das folhas inalteradas dos ramos e das ramificações.

Frutificação: junho - julho

Espécime de registo: Kakani, 2000m, 28 de julho de 2008, Sabina 482 (TUCH). Epífita em tronco de árvore musgoso ou em penhascos musgosos em floresta densa, ocasião.

Distribuição: WC Nepal, alt.: 750 - 2300m; N Índia, Butão, Tibete e Taiwan.

Lycopodium japonicum Thunb. ex A. Murray, Linnaeus, *Syst. Veg.* ed. 14: 944(1784); Thapa, *Pterid. Nep.*19: 24 (2002). *Lycopodium clavatum* L.: *Fl. E. Him.* **2** : 198 (1971); Bull. Dept. Med. Pl. Nep. 11:5 (1986).

Caules longos e rastejantes, enraizando-se a intervalos regulares, densamente folhosos com folhas longas armadas e adpressas. Ramos ascendentes, na sua maioria dicotomicamente bifurcados. Folhas dispostas em espiral, lineares, subuladas, planas, em forma de escama e com a extremidade incurvada. Estróbilos com pedúnculo longo, cilíndricos, estramíneos, bracteados.

Frutificação: junho - julho

Espécime de registo: Sundarijal, 1900m, 28 de julho de 2008, Sabina 494 (TUCH). Terrestre, ocorre em encostas sombrias e ensolaradas, ocasionalmente.

Designação vernácula local: Nagbeli jhar; Lahare jhyau.

Utilizações: Aplica-se uma pasta com os esporos em feridas e fissuras.

Distribuição: WCE. Nepal, alt.: 1350 - 3600m; Coreia, Formosa, China, Índia, Malásia, Polinésia,

Hawaii, América do Norte, Europa e África.

Sellaginellaceae

Ervas terrestres. Caules tufados, erectos ou prostrados, geralmente muito ramificados e com rizóforos. Ramos alternados ou dicotómicos. Folhas simples, pequenas, numerosas, 1-nervadas com uma lígula na superfície adaxial, dispostas em espiral ou em pares decussados ou em filas. Heterosporia; esporângios agrupados em estróbilos e colocados individualmente nas axilas dos esporofilos, os megasporângios maiores geralmente nascem nas axilas inferiores, em menor número do que os microsporângios mais pequenos nascidos acima.

Sellaginella chrysocaulos (Hook. & Grev.) Spring, Iwats., *Fl. E. Him.* 3: 167 (1975); Bull. Dept. Med. Pl. Nep. 11:8 (1986); Thapa, *Pterid. Nep.* 19: 25 (2002). *Lycopodium chrysocaulos* Hook. & Grev., Hook. *Bot. Misc.* 2: 401 (1831); Iwats, *Him.* Pl. **1** : 242 (1988).

Caules tufados, delgados, erectos, amarelo vivo, geralmente enraizados apenas na base e estoloníferos na base. Ramos curtos, pinnadamente decompostos e glabros. Folhas laterais bastante distantes, oblíquas, ovadas, verdes brilhantes, membranosas, finamente serrilhadas e imbricadas sobre o caule na base. Espigas numerosas, curtas, terminais nos ramos; esporofilos apinhados, ovado - lanceolados com os copos grandes.

Frutificação: junho - julho

Espécime de registo: Sundarijal, 1700m, 28 de julho de 2008, Sabina 218 (TUCH). Terrestre, cresce em terrenos húmidos e sombrios, comum.

Utilizações: Aplica-se uma pasta da planta em cortes e feridas.

Distribuição: ECW. Nepal, alt.: 700 - 2600m; N. Índia, S. China, Himalaias.

Equisetáceas

Ervas perenes. Rizomas rasteiros. Caules simples ou ramificados, todos iguais ou de dois tipos, os estéreis verdes, os férteis sem clorofila, estriados com nós distintos a intervalos, ocos e com espirais de folhas muito pequenas, conadas, semelhantes a escamas e formando uma bainha acima dos nós; as folhas foliares têm tantos dentes como os sulcos nos caules. Espigas terminais, os esporangióforos estipitado-peltados dispostos em espiral num eixo comum.

Equisetum ramosissimum Desf., *Fl. Atlant.* **2** : 398 (1800). Thapa, *Pterid. Nep.* 19: 31 (2002).

Equisetum debile Roxb. ex Vaucher, Mem. *Soc. Phys. Hist. Geneve* **1** : (2) 387 (1822); Bull. Dept. Med. Pl. Nep. 11:3 (1986).

Estípulas erectas, cilíndricas, com uma cavidade central distinta; ramos longos, delgados, cerca de 2-5 em espirais, com nervuras proeminentes e menos escabrosas; nós remotos, distintos, rodeados por uma bainha apertada de folhas conadas semelhantes a escamas. Espigas oblongas, 2-20 mm. de comprimento, sésseis, terminais no ramo. **Frutificação:** junho-julho

Espécime de registo: Sundarijal, 1750m, 26 de junho de 2008, Sabina 233 (TUCH). Terrestre, ocorrendo profusamente em águas estagnadas, bem como em fendas de rochas em locais sombrios e expostos, ocasionalmente.

Designação local em língua vernácula: Ankhe Jhar

Utilizações: A cinza da planta é aplicada para tratar queimaduras ou sarna. A planta é também utilizada como forragem. **Distribuição:** ECW. Nepal, alt.: 1300-2000m, Himalaya, S. China, S. E. Ásia, Malásia, Ceilão, Índia.

Botrychiaceae

Ervas terrestres, raramente epífitas. Rizomas curtos, carnudos, erectos, glabros. Frondes compostas, constituídas por partes foliares estéreis e por uma espiga fértil. Esporângios grandes, sésseis.

Botrychium Sw.

Ervas terrestres, raramente epífitas. Rizomas erectos com raízes bastante carnudas. Estípulas delgadas, erectas e carnudas. Lâminas estéreis e férteis da fronde compostas; segmentos estéreis muito dissecados e dentados; nervuras livres. Segmentos férteis com esporângios globosos, livres e subsésseis.

Chave para as espécies

1. Espiga fértil mais curta do que a porção estéril; ramo fértil que brota do meio da porção estéril--*B. lanuginosum*

2. Espiga fértil mais comprida do que a porção estéril; ramo fértil que brota da base do ramo estéril---*B. multifidum*

Botrychium lanuginosum Wall, ex Hook. & Grev., *Ic. Fil.*: 1, t.79 (1829). Iwats., *Fl. E. Himal.* 3: 169 (1975); Bull. Dept. Med. Pl. Nep. 11: 10 (1986); Thapa, *Pterid. Nep.* 19: 32 (2002). *Japanobotrychium lanuginosum* (Wall.) Nishida ex Tagawa Fl. E. *Him* . 453 (1966).

Erva terrestre. Estípulas com 8-20 cm de comprimento, peludas. Lâmina estéril e pedúnculo fértil na mesma fronde, porção estéril tri-pinada, séssil; pinas inferiores maiores; pínulas oblongo-ovadas, esparsamente pilosas; nervuras bifurcadas e livres. O ramo fértil nasce a partir do meio da parte estéril e é mais curto do que esta; esporângios marginais.

Frutificação: julho-agosto.

Espécime de referência: Kakani, 2200m, 28 de agosto de 2008, Sabina 492 (TUCH). Terrestre, cresce em locais húmidos e sombrios e em encostas rochosas, ocasionalmente.

Designação vernácula local: Jaluko

Utilizações: As raízes carnudas são utilizadas como medicamento em cortes e contusões.

Distribuição: ECW. Nepal, alt.: 1000-4100m; Himalaias (Kumaon até Butão), Europa, América e Japão.

Botrychium multifidum (Gmel.) Rupr. Beitr. *Pfl. Russ. Reiches* **11**: 40 (1859). Iwats., *Fl. E. Himal.* 3: 169 (1975); Bull. Dept. Med. Pl. Nep. 11: 10 (1986); Thapa, *Pterid. Nep.* 19: 32 (2002). *Osmunda multifida* Gmel., Nov. *Comm. Acad. Sci. Pter.* **12**: 517, t.11 (1768); *Fl. E. Him.* **1**: (1988). Nishida ex Tagawa, Nishida, *Fl. E. Himal.* 454 (1966).

Erva terrestre, erecta. Rizomas curtos, erectos. Estípulas com 18-30 cm de comprimento, erectas, carnudas. Lâmina estéril e pedúnculo fértil na mesma fronde; porção estéril peluda, 2-3 pinadas, pecioladas; segmentos obtusos; ramo fértil nascendo da base do ramo estéril e mais longo do que este; esporângios reniformes.

Frutificação: julho-agosto

Espécime de referência: Kakani, 2100 m, 25 de agosto, Sabina 479 (TUCH). Terrestre no chão da floresta, raro.

Designação local em língua vernácula: Bayakhra

Utilizações: Uma pasta da raiz é aplicada na testa para tratar a dor de cabeça.

Distribuição: ECW. Nepal, alt.: 1350-3000 m; Índia, Austrália, Tasmânia, Nova Zelândia, Japão, América.

Gleicheniaceae

Rizomas longos e rastejantes, com o ápice coberto de pêlos rígidos ou escamas e com frondes a longos intervalos. Estípula cilíndrica, ligeiramente pubescente, firme, frequentemente dicotómica e escamosa nos jovens. Fronde longa, bipinada, dicotomicamente ramificada; ráquis principal com pares opostos de ramos laterais; pinas lobadas quase até à costa; lóbulos curtos, arredondados ou longos e estreitos; textura coriácea; nervuras bifurcadas e livres. Soros nas nervuras e exindusiatos.

Chave dos géneros

Rizomas e gomos com pêlos articulados; frondes divididas dicotomicamente; pínulas muito maiores -- *Dicranopteris*

Rizomas e gomos com escamas achatadas; frondes bipinadas ou mais compostas; pínulas muito pequenas -- *Gleichenia*

Dicranopteris linearis (Burm. f.) Undrew., Bull. *Torrey Bot*. Cl. **34**: 250 (1907); Iwats. *Fl. E. Himal*. 3: 170 (1975); Bull. Dept. Med. Pl. Nep. 11: 13 (1986); Thapa, *Pterid. Nep*. 19: 36 (2002). *Polypodium linearis* Burm. f, *Fl. Índia*: 235, t. 67, f. 2 (1768).

Rizomas rastejantes, robustos, com o ápice coberto de escamas lineares castanhas. Estípulas delgadas, glabras, estramíneas, repetidamente ramificadas de forma dicotómica ou tricotómica; a dicotomia desenvolve-se a partir das axilas das bifurcações; os últimos ramos apresentam um par de pinas bifurcadas com um botão coberto de escamas juntamente com um par distinto de pinas na sua base. Frondes simplesmente pinadas; pinas lineares a oblongo-lanceoladas, pinadas, com 15-35 cm de comprimento e 3-7 cm de largura, gradualmente agudas, obtusas na parte superior, glaucas por baixo; segmentos numerosos, espalhados horizontalmente, inteiros, esparsamente peludos por baixo, margem recurvada; nervuras 2-4 vezes bifurcadas, ligeiramente elevadas em ambos os lados. Soros castanhos, pequenos, arredondados, solitários, situados na parte média da nervura superior.

Frutificação: julho-agosto

Espécime de registo: Sundarijal, 1820 m, 2 de agosto de 2008, Sabina 251 (TUCH). Terrestre, comum em áreas secas e expostas da floresta.

Utilizações: Os rizomas e as frondes são utilizados como medicamento.

Distribuição: ECW. Nepal, alt.: 700-2450 m; Índia, China, Formosa, Japão, América,

Polinésia, Austrália.

Gleichenia gigantea Wall, ex Hook. & Bauer, Gen. *Fil*. t. 39 (1840). Iwats., *Fl. E. Himal*. 3: 170 (1986). Thapa, *Pterid. Nep*. 19: 37 (2002).

Feto muito grande. Rizomas muito rasteiros. Estípulas robustas e fortes, esparsamente pubescentes, escamosas quando jovens, apenas uma vez ramificadas dicotomicamente. Frondes grandes, com 60-90 cm de comprimento, escamosas quando jovens; ráquis principal geralmente muito longa, com um botão terminal densamente escamoso, juntamente com estípulas como pínulas escamosas; pinas separadas, opostas, sésseis, oblongo-arredondadas e separadas por seios estreitos, superfície inferior glaucosa, mais ou menos revestida de pêlos estrelados; textura coriácea; ráquis ligeiramente elevada na superfície superior; nervuras uma ou por vezes duas vezes bifurcadas. Soro mediano, cada um com 2-4 esporângios grandes.

Frutificação: julho-agosto

Espécime de referência: Kakani, 2200 m, 29 de agosto, Sabina 387 (TUCH). Terrestre, ocorrendo em áreas secas expostas e nas bordas da floresta, ocasionalmente.

Distribuição: ECW. Nepal, alt.: 700-2450 m; Formosa, China, Trópicos da Ásia, Austrália, Polinésia.

Polipodiaceae

Principalmente epífitas, raramente terrestres. Rizomas rasteiros ou por vezes ascendentes, com escamas geralmente largas e peltadas. Estípulas geralmente articuladas. Fronde simples e inteira ou mais ou menos profundamente lobada ou pinada, muito raramente mais composta, escamosa ou peluda ou glabra; nervuras livres ou reticuladas com nervuras livres nas aréolas. Sori estritamente exindusiate, quase redondo, pequeno ou grande.

Chave para os géneros

Frondes simplesmente pinadas, sésseis, com soro em duas filas de cada lado das nervuras centrais --- --*Arthromeris*

Frondes pinatífidas e cortadas em dois terços da ráquis com asas largas, sori de cada lado da nervura média --*Polipodioides*

Frondes simplesmente pinadas, pinas terminais trifidais, sori de cada lado da nervura mediana -- *Selliguea*

Frondes simples, lineares, sori alongadas colocadas de cada lado da nervura média *Loxograma*

Frondes simples, lineares, sori redondas colocadas de cada lado da nervura média ---- *Lepisorus*

Frondes simples, muito longas, soros muito pequenos e dispersos --------------------- *Microsorium*

Arthromeris J.Sm.

Rizomas alongados, escamosos. Frondes pinadas, articuladas na base com o rizoma, espessadas, com escamas peltadas numa ou em ambas as faces ou quase nuas; nervuras principais evidentes. Soros solitários ou plurais, nascidos na união de várias nervuras, geralmente redondos, raramente alongados ou fundidos.

Chave para as espécies

Frondes não totalmente opostas, pinas sésseis ou pecioladas. -------*Arthromeris tenuicauda*

Frondes sub-opostas e pinas sésseis ------------------------------------*Arthromeris wallichiana*

Arthromeris tenuicauda (Hook.) Ching, Contrib. *Inst. Bot. Natn. Acad. Peiping* **2**: 91 (1933); Thapa, Pterid. Nep. 19: 38 (2002). *Polypodium tenuicauda Sp. Fil.* **5**: 90 (1863).

Rizomas robustos, rastejantes, com muitas escamas brilhantes. Estípulas com 1 pé ou mais de comprimento, firmes, erectas, brilhantes; frondes com cerca de 2 pés de comprimento, 1 pé ou mais de largura; pinas 8-10 de cada lado, aos pares, separadas por 1-2 polegadas, margem não totalmente oposta, ondulada, séssil a partir da base arredondada, ou atenuada e peciolada. Sori grandes, globosos, um entre cada nervura principal, formando uma única fila, muito mais perto da nervura central do que da margem.

Frutificação: junho-julho

Espécime de registo: Kakani, 2100 m, 28 de julho de 2008, Sabina 390 (TUCH). Terrestre, em lugares húmidos e sombreados, ocasião.

Distribuição: CE. Nepal, alt.: 1400-2500 m; dos Himalaias ao S.W. da China, Formosa, Assam, N. da Birmânia, Tailândia.

Arthromeris wallichiana (Spreng.) Ching, *Contrb. Inst. Bot. Nat. Acad. Peiping* **2**: 92 (1933). Iwats., *Fl. E. Himal.* 3: 196 (1975); Bull. Dept. Med. Pl. Nep. 11: 91 (1986); Thapa, *Pterid. Nep.* 19: 38 (2002). *Polypodium wallichianum* Spreng., L. *Syst. Veg.* **4**: 53 (1827); Bull. Dept. Med. Pl. Nep. 11: 91 (1986).

Rizomas rasteiros, robustos, cobertos de escamas castanhas brilhantes. Frondes com 40-60 cm de comprimento e 16-26 cm de largura, simplesmente pinadas, subopostas, sésseis, com ápice acuminado e margem subentendida a ondulada. Sori arredondados, muito visíveis, dispostos numa única fila de cada lado da nervura central.

Frutificação: junho-julho

Espécime de registo: Kakani, 2100 m, 25 de julho de 2008, Sabina 427 (TUCH). Terrestre, epífita ou litófita, em locais sombreados e expostos, ocasionalmente.

Designação vernácula local: Chhepare uneu
Distribuição: ECW. Nepal, alt.: 2100-3300 m; Himalaias, N. Índia, Birmânia e W. China.

Selliguea oxyloba (Wall. ex Kunze) Fraser-Jenk., *Tax. Rev. Ind. Subcont. Pterid.*: 44 (2008). *Polypodium oxylobum* Wall. ex Kunze, *Linnaea* 24: 255 (1851).

Rizoma rasteiro, robusto com escamas castanhas densas. Fronde simplesmente pinada com um a três pares de pinas; base da pina mais baixa decrescente no estipe; margens das pinas subentendidas ou apenas um pouco denticuladas. O segmento terminal da fronde é frequentemente o mais longo e o mais estreitamente acuminado. Os rizomas jovens produzem frequentemente apenas frondes muito pequenas, que são simples ou apenas trilobadas. Sori redondos, grandes, numa única série de cada lado da nervura mediana do pináculo, exindusiate. Esporos sem perisporo. Epífitas.

Frutificação: Set.-Nov.

Espécime de registo: Kakani, 2250 m, 6 de setembro de 2008, Sabina 430 (TUCH). Epífita em tronco de árvore húmido na floresta, rara,

Distribuição: Sudoeste da China, Norte da Tailândia, Himalaias.

Nota: Clarke (1880) referiu que a margem é sempre inteira, no entanto, no presente espécime apresenta uma folha ligeiramente denticulada a subentendida.

Lepisorus mehrae Fraser-Jenk., *New Sp. Syndrome etc.*: 157, 159, 312 (1997); Thapa, *Pterid. Nep.* 19: 43 (2002). *Lepisorus kashyapii* (Mehra) Mehra, Bir, *Res. Bull.* Punjab Univ. n.s. 13:24 (1962) Bull. Dept. Med. Pl. Nep. 11: 99 (1986).

Rizomas curtos e rastejantes, revestidos de escamas. Frondes simples com 25-35 cm de comprimento, 2,5-3 cm de largura, lineares, ponta acuminada, margem inteira, glabra, nervura mediana proeminente; nervuras imperceptíveis. Sori grandes, quase redondos, castanhos brilhantes numa única fila de cada lado e perto da nervura central do que da margem. Os soros estão maioritariamente confinados à metade superior da lâmina.

Frutificação: junho-julho.

Espécime de registo: Panimuhan, 2200 m, 20 de julho de 2008, Sabina 194 (TUCH). Epífita e terrestre no tronco de árvores musgosas e em partes sombreadas da floresta, ocasião.

Distribuição: ECW. Nepal, alt.: 1900-2025; E. Himalaias, Tibete, Birmânia, China Ocidental, Sikkim, Índia Setentrional.

Loxogramme cuspidate (Zenker) M.G.Price, *Amer. Fern J.* **80** (1): 4-8 (1990); Nakaike et al: 193 (1990); Thapa, *Pterid. Nep.* 19: 46 (2002).

Rizoma robusto, rasteiro, revestido de escamas castanhas lanceoladas. Frondes com 30-40 cm de comprimento, 1,5-2,5 cm de largura, simples, lanceoladas, com a base gradualmente estreitada para um estipe curto e largo, margem subentendida ou apenas ligeiramente denticulada, glabras, nervuras principais quase obscuras. Soros castanhos, alongados, dispostos paralela e obliquamente de cada lado da nervura central e estendendo-se até à margem.

Frutificação: julho-agosto

Espécime de registo: Kakani, 2250 m, 29 de agosto de 2008, Sabina 386 (TUCH). Epífita em troncos de árvores cobertos de musgo, rara.

Distribuição: Rara, C. Nepal, alt.: 912-2420 m; Himalaias, Índia, Birmânia, Tailândia, Ceilão.

Nota: Esta espécie é rara e encontra-se apenas no centro do Nepal.

Microsorium membranaceum (D. Don) Ching, *Bull. Fan. Mem. Inst. Biol.* **4**: 309 (1933); Iwats., *Fl. EHimal.* 3: 201 (1975); Bull. Dept. Med. Pl. Nep. 11: 103 (1986); Thapa, *Pterid. Nep.* 19: 47 (2002). *Polypodium membranaceum* D. Don, Prodr. *Fl. Nep.* 2 (1825); Bull. Dept. Med. Pl. Nep. 11: 103 (1986).

Rizomas pouco rasteiros cobertos por escamas. Frondes simples, com 24-73 cm de comprimento, 4-11 cm de largura, acuminadas, gradualmente atenuadas na base, inteiramente glabras; textura membranosa; venação ligada por nervuras transversais. Soros pequenos, numerosos, redondos a globosos, castanho-amarelados, distribuídos irregularmente por toda a superfície inferior.

Frutificação: julho-agosto

Espécime de registo: Kakani, 2250 m, 28 de agosto, Sabina 425 (TUCH). Terrestre e epífita em locais sombreados da floresta, ocasião.

Distribuição: ECW. Nepal, alt: 368-2700m, Ceilão, Índia, Birmânia, Indo-China, S.W. China, Formosa, Filipinas, Laos, N. Tailândia.

Polypodioides amoena (Wall. ex Mett.) Ching, *Ata Phytotax. Sin.* **16** (4): 27 (1978). Thapa, *Pterid. Nep.* 19: 52 (2002). *Polypodium amoenum* Wall. ex Mett., *Abh. Senck. Naturf. Ges.* **2** : 80 (1857); Iwats., *Fl. E. Himal.* 3: 202 (1975);

Rizoma longo, rasteiro, coberto por escamas. Frondes com 35-50 cm de comprimento, 6-15 cm de largura, pináfidas, cortadas em dois terços até à ráquis amplamente alada em segmentos subentirosos ou grosseiramente dentados-serrados, de textura membranosa. Soros conspícuos, castanhos, redondos, em fila única de cada lado da nervura mediana e situados no terminal da nervura.

Frutificação: junho-julho

Espécime de registo: Kakani, 2230 m, 28 de julho, Sabina 433 (TUCH). Epífita e terrestre em troncos de árvores cobertos de musgo e em chão de floresta húmida e sombria, ocasionalmente.

Designação local em língua vernácula: Bish phej

Utilizações: O rizoma em pó, misturado com farinha de milho, é torrado e cerca de 4 colheres de chá deste pó, três vezes por dia, são dadas para aliviar dores nas costas.

Distribuição: ECW. Nepal, alt: 400-2700 m; Himalaias, China, Formosa, S. Indo-China, N. Tailândia.

Hymenophyllaceae

Fetos filamentosos, tanto epífitos como terrestres. Rizomas curtos, delgados, erectos ou rastejantes e com frondes com intervalos longos. Frondes muito simples a bastante grandes e compostas; divisão final geralmente muito pequena e com uma nervura; ráquis principal simples ou alada; nervuras geralmente livres. Sori terminal nos últimos lóbulos ou marginal nas extremidades das nervuras.

Hymenophyllum exsertum Wall. ex Hook., *Sp. Fil.* **1**: 109, t.38a (1844). Thapa, *Pterid. Nep.* 19: 58 (2002); *Mecodium exsertum* (Wall. ex Hook.) Copel., *Philip. Journ. Sci.* **67** : 23 (1938); Iwats. *Fl. E. Himal.* 3: 171 (1975);

Rizomas rastejantes, finamente revestidos de pêlos. Estípulas com 1,5-5,3 cm de comprimento, peludas. Frondes com 3-13 cm de comprimento e 2-3 cm de largura, lanceoladas-oblongas; bipinnatifidas; pinas próximas, ligeiramente oblíquas, pinadas lineares com lóbulos curtos, próximos e inteiros; ráquis amplamente alada, de textura fina e transparente. Sori 1-3 por pinna, terminais nos segmentos inferiores.

Frutificação: junho-julho

Espécime de registo: Sundarijal, 2300 m, 23 de julho de 2008, Sabina 498 (TUCH). Em troncos de árvores e em rocha musgosa, ocasião.

Distribuição: ECW. Nepal, alt.: 2000-2600 m; Himalaias, Alta Birmânia, Tailândia, Indo-China, Sul até à Malásia, China.

Cyatheaceae

Feto arbóreo. Caule ereto com um tronco robusto, forte e maciço. Estípulas cobertas de escamas, pelo menos perto da base, e a base das estípulas estreitamente dispostas à volta do ápice do tronco. Frondes grandes, na sua maioria bipinadas-tripinnatifidas, geralmente espinhosas na base; pinas dispostas em espiral no ápice da fronde; soros nas nervuras, exindusiatos ou com um indúsio em forma de taça.

Cyathea spinulosa Wall. ex Hook., *Sp. Fil.* **1**: 25, t.l2c (1844); Iwats., *Fl. E Himal.* 3: 180 (1975); Bull. Dept. Med. Pl. Nep. 11: 53 (1986); Thapa, *Pterid. Nep.* 19: 60 (2002).

Tronco ereto, robusto e forte, com o ápice densamente revestido de escamas e espinhos castanho-escuros. Frondes grandes, com 2-3 m de altura, bipinadas-tripinnatifidas, na sua maioria espinhosas na base e dispostas em espiral no ápice do estipe com segmentos oblongos, agudos e serrilhados. Sori abundante, bastante próximo das nervuras principais.

Frutificação: julho-agosto

Espécime de registo: Kakani, 2250 m, 28 de agosto de 2008, Sabina 582 (TUCH). Terrestre, em locais quentes e húmidos da floresta, ocasião.

Utilizações: A medula mole é comestível e é utilizada como vegetal.

Distribuição: ECW. Nepal, alt.: 500-2000 m; E. Himalaias, Índia, S. Japão e trópicos da Ásia.

Adiantáceas

Terrestres ou litófitas. Rizoma ereto, longo ou curto, rasteiro, coberto por escamas estreitas e enegrecidas. Estípulas delgadas, escuras, glabras ou peludas. Lamina simples pinada a quadripinada; folíolos em leque, margem inteira, mais ou menos profundamente lobada; textura herbácea. Soros marginais, cobertos por um indúsio marginal reflexo; indúsio geralmente reniforme ou linear.

Adiantum (C.Presl) Ching

Fetos terrestres. Rizomas curtos ou sub-erectos, revestidos de escamas castanhas. Estípulas erectas, delgadas, escamosas na base e glabras na parte superior, arroxeadas, brilhantes. Frondes simplesmente pinadas a multipinadas, na sua maioria glabras, ocasionalmente peludas, de textura herbácea ou firme. Soros marginais, globosos a lineares; indúsio da mesma forma que o soros.

Chave para as espécies

Frondes simplesmente pinadas, pinas quase sésseis *A caudatum*

Frondes simplesmente pinadas, pinas nitidamente pedunculadas *A philippense*

Frondes multipinadas, pinas triangulares, soros marginais, soros encontrados em todas as pínulas, pínulas finais 3-5 lobadas *A capillus-veneris*

Frondes multipinadas, pinas quase triangulares, soros sub-marginais, soros não encontrados em todas as pínulas, pínulas finais com 2 raramente 3 entalhes -----------------------------------*A raddianum*

Adiantum capillus-veneris L., *Sp. Pl.* **2**: 1096 (1753); Iwats., *Fl. E Himal.* 3: 172 (1975); Bull. Dept. Med. Pl. Nep. 11: 20 (1986); Thapa, *Pterid. Nep.* 19: 61 (2002).

Rizomas curtos e rastejantes, densamente cobertos por escamas lineares largas. Estípulas suberectas, bastante delgadas, com 5-25 cm de comprimento. Frondes com 5-25 cm de comprimento, multipinadas, com uma pínula terminal curta e numerosas pínulas laterais, alternadamente colocadas de cada lado; pínulas finais maioritariamente 3 - 5 lobadas palmadas, glabras, viens repetidamente bifurcadas e livres. Soros marginais, na sua maioria solitários ou poucos em cada pínula final, arredondados ou obreniformes

Frutificação: junho-julho

Espécime de registo: Kakani, 2225 m, 15 de julho de 2008, Sabina 454 (TUCH). Terrestre nas fendas de pedra, paredes e encostas musgosas e rochosas dos locais sombrios e secos, comum.

Designação vernácula local: Pakhale uneu

Utilizações: Uma pasta da planta é aplicada na testa para aliviar a dor de cabeça e no peito para aliviar a dor no peito.

Distribuição: ECW. Nepal, alt.: 100-2300 m; Amplamente distribuída nas regiões tropicais a temperadas do mundo, incluindo o oeste da Grã-Bretanha e os EUA.

Adiantum caudatum L.,Mant. *Pl.*: 308 (1771); Iwats., *Fl. EHimal.* 3: 172 (1975); Bull. Dept. Med. Pl.

Nep. 11: 21(1986); Thapa, *Pterid. Nep.* 19: 61 (2002).

Rizoma curto, ereto, delgado, coberto de pêlos castanhos. Estípulas delgadas, com 4-10 cm de comprimento, fibrosas, tomentosas, castanho-escuras. Frondes simplesmente pinadas, com 6-36 cm de comprimento, 2-3 cm de largura, com pinas pouco pedunculadas de um lado da lâmina e sésseis do outro lado, alternadas, pinas superiores gradualmente mais pequenas, pinas maiores na parte média da lâmina, coriáceas, margem inferior direita ou ligeiramente côncava, a superior arredondada, mais ou menos cortada, frequentemente profunda e repetidamente. Soros arredondados ou transversalmente oblongos nos ápices dos lóbulos.

Frutificação: junho-julho.

Espécime de registo: Kakani, 2400 m, 28 de julho de 2008, Sabina 455 (TUCH). Terrestre, em rochas e encostas sombrias e húmidas da floresta, raro

Designação vernácula local: dan sinki

Utilizações: Uma decocção da planta, cerca de 4 colheres de chá duas vezes por dia, é dada para problemas gástricos. O sumo do rizoma, cerca de 4 colheres de chá três vezes por dia, é dado em caso de febre. Também é usado para tratar a indigestão.

Distribuição: Rara, em ECW. Nepal, alt.: 100-2300 m; China, Índia, Sri Lanka, Península da Malásia, ilhas da Malásia, África, Maurícia.

Nota: Gurung (1986) mencionou que os pinos são sésseis, Beddome (1976) mencionou que apenas os pinos inferiores são ligeiramente pedunculados, no entanto, no presente espécime, um lado dos pinos é ligeiramente pedunculado e o outro lado é séssil.

Adiantum phillipense L., *Sp. Pl.* ed. 1, 2 : 1094 (1753) Iwats., *Fl. E Himal*. 3: 172 (1975); Bull. Dept. Med. Pl

Nep. 22(1986); Thapa, *Pterid. Nep*. 19: 62 (2002). 11: *A. lunulatum* Burm/, *Fl. Índia*: 235 (1768).

Rizomas curtos, erectos ou suberectos, revestidos de escamas e pêlos castanhos claros. Estípulas com 5-22 cm de comprimento, fibrosas, de cor castanho-escura. Frondes com 8-26 cm de comprimento, 4-7 cm de largura, simplesmente pinadas, com pinas alternas, distintamente pecioladas, o pedúnculo das pinas diminui gradualmente em direção à região apical, de forma semilunar, margem inferior ligeiramente oblíqua, margem superior mais ou menos lobada. Soros castanhos, contínuos ao longo de todo o bordo e protegidos pela margem reflexa.

Frutificação: junho-julho

Espécime de registo: Kakani, 2400 m, 10 de julho de 2008, Sabina 452 (TUCH). Terrestre em pedras e fendas de rochas, paredes e encostas arenosas de locais húmidos e sombreados, ocasionalmente.

Designação vernácula local: Kani Uneu

Utilizações: O sumo do rizoma é dado em caso de febre, disenteria e inchaço glandular. **Distribuição:** ECW. Nepal, alt.: 60-2400 m; Índia, Sri Lanka, Myanmar.

Adiantum raddianum C.Presl, *Tent. Pterid.*: 158 (1836); Fraser-Jenk.: 31 (1997b). Rizoma longo rastejante, frondes verde-claras, decompostas, folíolos em forma de leque, estipe castanho-escuro. Pínulas firmes, membranáceas, glabras, pequenas, c. 0.5-0.75cm de diâmetro, brevemente pecioladas; pecíolo fino e fibroso, c. 0.5cm de comprimento. Margem da pínula finamente dentada-serrada, lóbulos férteis com 2, raramente 3 entalhes, cada entalhe com um sorus bastante grande na parte inferior; involucros reniformes-cordados, submembranáceos. Esporos tetraédricos. Trata-se de uma espécie adveniente da América do Norte e do Sul. É muito popular no cultivo. Esta espécie foi anteriormente registada apenas no Nepal Oriental, zona de Mechi, distrito de Taplejung, Sinwa-Chhirwa, ao longo do principal caminho de trekking para o campo base de Kanchunjunga, a cerca de 15 minutos a pé de Sinwa, no sopé de uma grande rocha, a 850 m de altitude, Thapa, 27 Jul. 001, T4 (KATH) (Thapa 2002). Esta espécie é rara no Nepal e o presente espécime é registado pela primeira vez no Nepal central.

Frutificação: abril-julho

Espécime de registo: Sundarijal, 1700 m, 23 de julho de 2008, Sabina 461 (TUCH). Terrestre em

Encostas de florestas húmidas e sombrias e em fendas de pedra, raro.

Utilizações: Utilizado como tónico, resolvente, expetorante, diurético, emenagogo, adstringente, emético e na picada de escorpião (Ambasta 1986, Jain 1991).

Distribuição: Raro, E. Nepal, alt.: 850 -2000 m; Afeganistão, Nordeste dos Himalaias, China Ocidental

Nota: Esta é uma espécie rara do Nepal e anteriormente só era encontrada num local do Nepal oriental. No presente estudo, a espécie é registada pela primeira vez na região central do Nepal.

Pteridáceas

Fetos tipicamente terrestres. Rizomas rasteiros ou erectos, protegidos por escamas ou pêlos. Estípulas geralmente brilhantes, glabras, escamosas ou peludas. Frondes não articuladas com o rizoma, na sua maioria pinadas, ocasionalmente deltóides, decompostas em simples, bastante inteiras. Sori tipicamente marginal e protegido por um indúsio que se abre em direção à margem ou por uma margem reflexa ou nua.

Chave dos géneros

Frondes outrora pinadas-- *Pteris*

Frondes multipinadas--- *Onychium*

Onychium Kaulf.

Fetos terrestres. Rizomas rasteiros, revestidos de escamas acastanhadas. Estípulas erectas, mais ou menos glabras. Frondes tripinadas a mais compostas, finamente dissecadas: pínulas pequenas, estreitas. Sori colocados num recetáculo linear contínuo.

Chave para as espécies

Rizoma rasteiro, estipes escamosos, soros castanho-claros ---------------------------- *O. japonicum*

Rizoma ereto, estipes glabros, soros amarelos brilhantes ---------------------*O. siliculosum*

Onychium japonicum (Thunb.) Kunze, *Bot. Zeit.* **6** : 507 (1848); Iwats., *Fl. E Himal.* 3: 176 (1975); Bull. Dept. Med. Pl Nep. 34 (1986); Thapa, *Pterid. Nep.* 19: 71 (2002). *Trichomanes japonicum* Thunb., *Fl. Jap.* 340 (1784).

Rizomas longos e rastejantes, cobertos de escamas lanceoladas acastanhadas. Estípulas com 30-50 cm de comprimento, erectas, tufadas, cor de palha ou castanho-claro, densamente escamosas na base e glabras na parte superior. Frondes quadripinadas, com 16-40 cm de comprimento, 11-24 cm de largura, ovadas ou deltoide-lanceoladas; pinas alternas, longamente pecioladas, disatantes; ráquis glabras, de textura sub-coriaceu. Soros alongados, colocados marginalmente.

Frutificação: junho-julho

Espécime de registo: Sundarijal, 1700 m, 22 de junho de 2008, Sabina 283 (TUCH). Terrestre em zonas húmidas e sombrias das florestas, comum.

Utilizações: O sumo das folhas é utilizado para evitar a queda dos cabelos.

Distribuição: ECW. Nepal, alt.: 1300-3000 m; Himalaias, Birmânia, China, Coreia, Formosa, Japão, Filipinas e Java.

Onychium siliculosum (Desv.) C.Chr., Ind. *Fil.*: 468 (1906); Iwats., *Fl. E Himal.* 3: 176 (1975); Bull. Dept. Med. Pl Nep. 35 (1986); Thapa, *Pterid. Nep.* 19: 71 (2002). *Pteris siliculosa* Desv., *Berl. Mag.* **5**: 324 (1811); Thapa, *Pterid. Nep.* 19: 71 (2002).

Rizomas curtos, erectos, revestidos de escamas lineares, castanho-escuras. Estípulas com 9-26 cm de comprimento, com ranhuras, mais ou menos glabras em toda a extensão. Frondes com 15-57 cm de comprimento, 6-14 cm de largura, quadripinnatifidas, ovado-lanceoladas, alternas, ápice acuminado, pinas inferiores sub-deltoides. Sori marginal, conspícuo, contínuo ao longo de ambas as margens, de cor amarela brilhante.

Frutificação: junho-julho

Espécime de registo: Sundarijal, 2000 m, 10 de julho de 2008, Sabina 405 (TUCH). Terrestre, nas encostas rochosas das florestas, tanto sombreadas como expostas, comum.

Designação vernácula local: Kangiyo sotar, seto sinki

Utilizações: O sumo do rizoma, cerca de 4 colheres de chá três vezes ao dia, é dado para aliviar a febre. **Distribuição:** ECW. Nepal, alt.: 200-2200 m; Índia, China Ocidental, Taiwan, Sudeste Asiático, Filipinas, Nova Guiné, Polinésia.

Pteris

Terrestres. Rizomas curtos, erectos ou rastejantes, revestidos de escamas e pêlos. Frondes tufadas, simplesmente pinadas, até bipinadas ou por vezes tripinadas. Soros marginais, lineares e contínuos.

Chave para as espécies

Estípula e ráquis asperas (rugosas). Soros marginais que se estendem até ao ápice das pinas -----

---*Pteris aspericaulis*

Estipe e ráquis não asperos. Sori marginais mas não atingindo o ápice -------------------------------

---*Pteris cretica*

Pteris aspericaulis Wall. ex Agardh, *Rec. Sp. Gen. Pterid.* 22 (1839); Iwats, *Fl. E Himal.* 3: 176 (1975); Bull. Dept. Med. Pl Nep. 38 (1986); Thapa, *Pterid. Nep.* 19: 72 (2002). *Pteris quadriaurita var. aspercaulis* Bedd. *Handb. Ferns Brit. Ind.* 111 (1883).

Rizomas curtos e rastejantes, robustos, densamente revestidos por escamas lineares de cor castanha escura. Estípulas erectas com 23-50 cm de comprimento, de cor castanha clara, asperas, rígidas. Frondes com 23-50 cm de comprimento, 11-24 cm de largura, com pinas ovado-lanceoladas, bipinnatifidas, subopostas, sésseis ou subsésseis. Sori marginal que atinge o ápice.

Frutificação: junho-julho

Espécime de registo: Kakani, 2200 m, 25 de junho de 2008, Sabina 404 (TUCH). Terrestre, em locais sombrios das florestas, ocasião.

Designação local em língua vernácula: Pire Uneu

Utilizações: O sumo do rizoma é administrado em caso de diarreia e disenteria.

Distribuição: CW. Nepal, alt.: 1400-2600; E. Himalaya, N. Burma, N. Tailândia, Yunnan.

Pteris cretica L., Mant. *Pl.* 130 (1767); D. Don, *Prodr. Fl. Nep.* 15 (1825); Iwats, *Fl. EHimal.* 3: 177 (1975); Bull. Dept. Med. Pl. Nep. 39(1986); Thapa, *Pterid. Nep.* 19: 73 (2002).

Rizomas rasteiros ou sub-erectos, revestidos de escamas linear-lanceoladas de cor castanha escura. Estípulas tufadas, erectas, com 14-25 cm de comprimento, glabras. Frondes pinadas, 16-32 cm de comprimento, 4-18 cm de largura, pinas simples sésseis, algumas das inferiores bi-trifidas, as estéreis linear-lanceoladas, serrilhadas com dentes brancos, as férteis amplamente lineares, ráquis glabras. Soros lineares, contínuos ao longo de toda a margem, exceto no ápice, protegidos pela margem reflexa.

Frutificação: junho-julho

Espécime de registo: Sundarijal, 1850 m, 8 de julho de 2008, Sabina 282 (TUCH). Terrestre, nas rochas das zonas húmidas e sombrias, bem como nas partes secas e expostas das florestas, comum.

Distribuição: ECW. Nepal, alt.: 1300-3000 m; amplamente distribuída nas regiões tropicais e temperadas do mundo.

Vittariaceae

Epífitas ou litófitas. Rizoma curto, rastejante, escamoso; escamas lanceoladas, pêlos pontiagudos. Estípulas articuladas com o rizoma. Lamina simples, linear-lanceolada, margem inteira; nervuras ligeiramente distintas acima e abaixo; glabra, verde-escura, textura coriácea a subcoriácea. Soros lineares, ao longo das nervuras submarginais ou num sulco aparentemente marginal.

Vittaria himalayensis Ching, *Sinesia* 1 (12): 190 (1931); Thapa, *Pterid. Nep.* 19: 79 (2002). Fraser-Jenk: 154 (2008). *Vittaria garhwalensis* R. D. Dixit, *J. Taxon. Bot.* 2: 218, f, 18 (1981). Rizoma curto, rasteiro, com 2,5 cm de largura, coberto por escamas. Estípulas com 1-1,5 cm de comprimento e 0,3 cm de largura, achatadas. Frondes com 10-40 cm de comprimento e 0,3-0,6 cm de largura, simples, lineares, semelhantes a gramíneas, gradualmente afinando para ambas as extremidades, ápice acuminado, margem inteira, textura coriácea, lâmina verde-escura, glabra. Soros superficiais, lineares, inframarginais, ligeiramente para dentro a partir da margem e brilhantes, cinzento-pálido,

24

escamas clatratadas.

Frutificação: julho-agosto

Espécime de registo: Kakani, 2400 m, 25 de agosto de 2008, Sabina 449 (TUCH). Epífita em troncos de árvores musgosas em áreas sombreadas das florestas, rara.

Distribuição: Rara, C. Nepal, alt.: 1800-3000 m; Himalaias, Índia, China, Filipinas, Austrália, Formosa,

Nota: Esta é uma das espécies muito raras do Nepal.

Dennstaedtiaceae

Terrestres. Rizoma rasteiro, delgado, peludo, escamas ausentes. Estípulas robustas, erectas, adaxialmente estriadas, peludas ou escabrosas. Frondes, variadamente pinadas, muito dissecadas; nervuras livres, bifurcadas. Soros marginais nas extremidades das nervuras; indusiais em forma de meia taça ou com 2 lábios.

Microlepia dubia (Roxb. in Griff.) C.V. Morton, *Contrib. U.S., Natn. Herb.* **38** (7): 342 (1974); Thapa, *Pterid. Nep.* 19: 81 (2002).

Terrestres. Rizoma rasteiro, densamente coberto por pêlos ferruginosos. Estípulas erectas, robustas, glabras. Frondes tripinadas, alternas, pecioladas, o pecíolo diminui gradualmente em direção ao ápice. Pínulas ovado-deltóides, últimos folíolos sempre desiguais na base, peludas; nervuras bifurcadas, textura herbácea. Soros sub-marginais, terminais nas nervuras; indúsio membranoso, em forma de taça, ligado pela base e pelos lados, ápice truncado, peludo.

Frutificação: julho-setembro

Espécime de registo: Kakani, 2370 m, 7 de setembro. 2008, Sabina 429 (TUCH). Muito comum nas zonas húmidas e sombrias da floresta.

Distribuição: CE. Nepal, alt.: 1300-2800 m; Índia, China, Formosa, Filipinas, Polinésia.

Aspleniaceae

Fetos terrestres e epífitos. Rizoma rasteiro a sub-ereto, coberto de escamas clatratadas castanho-escuras. Estípulas não articuladas. Frondes simples a decompostas, pequenas a grandes; textura geralmente firme; nervuras bifurcadas, livres ou anastomosadas sem nervuras incluídas. Soros alongados ao longo das nervuras; indúsio membranoso, ligado às nervuras, raramente exindusiate.

Asplénio

Fetos terrestres ou epífitos. Rizoma geralmente rasteiro ou ereto, revestido por escamas escuras, lineares-lanceoladas, clatratos. Estípulas não articuladas. Frondes simples e inteiras a pinadas ou decompostas, glabras ou esparsamente escamosas; nervuras geralmente bifurcadas, livres ou anastomosadas. Soros dorsais ou sub-marginais, lineares ou oblongos.

Chave para as espécies

Rizoma rasteiro, delgado, frondes simples, margem inteira---

-- *Asplenium ensiforme*

Rizoma ereto, robusto, frondes compostas, margem nitidamente dentada -

--*Asplenium yoshinagae*

Asplenium ensiforme Wall ex Hook & Grev., *Ic. Fill.* **1**: t.71 (1828)   ); Iwats., *Fl. E Himal.*
3: 194 (1975); Bull. Dept. Med. Pl. Nep. 87 (1986); Thapa, *Pterid. Nep.* 19: 85 (2002).

Rizomas rasteiros, delgados, revestidos de escamas castanho-escuras. Estípulas com 2-7 cm de comprimento, erectas, escamosas na base e nuas por cima. Frondes simples, com 10-30 cm de comprimento, 1-2 cm de largura, lanceoladas-lineares, margem inteira ou quase, ápice acuminado, a parte inferior da fronde muito gradualmente estreitada; textura coriácea; nervuras imersas e indistintas. Soros largamente lineares, duas filas oblíquas entre a nervura central e a margem.

Frutificação: junho-julho

Espécime de registo: Kakani, 2400 m, 12 de julho de 2008, Sabina 452 (TUCH). Terrestre ou epífita nos troncos de árvores musgosas e nas rochas das partes sombrias e húmidas das florestas.

Distribuição: ECW. Nepal, alt.: 1250-3050 m; Himalaias, Índia, Ceilão, Birmânia, Formosa, Japão, África, Tailândia.

Nota: Nalguns espécimes, o soro linear é muito largo, cobrindo quase toda a superfície ventral.

Asplenium yoshinagae Makino, *Phan. Pteroide. Jap. Ic.* III. **1**: pl. 64 (1900).); Iwats., *Fl. E Himal.*
3: 195 (1975); Bull. Dept. Med. Pl. Nep. 87 (1986); Thapa, *Pterid. Nep.* 19: 89 (2002). *Asplenium indicum* Sledge: *Fl. E. Himal.* 487 (1966); **2**: 214 (1971).

Rizoma ereto, robusto e forte, coberto de escamas castanho-escuras. Estípulas de 5-15 cm de comprimento com escamas em toda a extensão. Frondes compostas, com 10-35 cm de comprimento, lanceoladas; lâmina simplesmente pinada; pinas numerosas, pinas agudamente dentadas, pouco pedunculadas, subopostas ou alternas, ráquis escamosa; textura coriácea; nervuras geralmente uma vez bifurcadas e livres. Soros alongados ou abundantes e ausentes da região dentada.

Frutificação: junho-julho

Espécime de registo: Kakani, 2000 m, 25 de julho de 2008, Sabina (TUCH). Terrestre e epífita em troncos de árvores e rochas musgosas em zonas húmidas e sombrias de floresta, ocasião.

Distribuição: ECW. Nepal, alt.: 1000-2500 m; Himalaias, Índia, Ceilão, Formosa, China, Madagáscar.

Nota: No presente estudo, no espécime com soros lineares, os pinos têm um pedúnculo sub-oposto, enquanto que no espécime com soros abundantes o pedúnculo é alternado.

Thelypteridaceae

Terrestres ou litófitas. Rizoma rasteiro, semi-ereto a ereto, escamoso; as escamas apresentam frequentemente pêlos glandulares ou setosos. Estípulas não articuladas com o rizoma. Lamina variadamente pinada, nervuras pinadas. Soros dorsais, superficiais, redondos a alongados, mediais ou subapicais nas nervuras; indusial reniforme ou vestigial ou ausente.

Telypteris

Fetos terrestres. Rizoma ereto ou rasteiro, revestido de escamas acastanhadas. Estípulas erectas, geralmente escamosas. Frondes geralmente pinadas, lanceoladas; pinas numerosas e pinadas; textura herbácea. Sori sub-globoso ou globoso.

Chave para as espécies

Estípulas, ráquis e lâmina densamente peludas. Estípulas e ráquis verde-acastanhados em

cor *Thelypteris molliuscula*

Estípulas e ráquis quase glabras, com ausência total de pêlos na lâmina. Estípulas e ráquis de cor

palha -- *Thelypteris tylodes*

Thelypteris molliuscula (Kuhn) K. Iwats. Em Hara, *Fl. East. Himal*: 484 (1966);); Iwats., *Fl. E Himal*. 3: 192 (1975); Bull. Dept. Med. Pl. Nep. 82 (1986); Thapa, *Pterid. Nep.* 19: 95 (2002). *Aspidium molliusculum* Khun, *Bot. Zeit.* **1868**: 41 (1868).

Rizoma longo, rasteiro, esparsamente revestido de escamas castanhas claras lanceoladas. Estípulas delgadas, erectas, com 13-36 cm de comprimento, estriadas, escamosas na base e com pêlos finos e castanhos em toda a extensão, de cor verde acastanhada. Frondes mais pequenas, outrora pinadas; lâmina com 17-50 cm de comprimento, 8-21 cm de largura, lanceolada; pinas numerosas, subopostas a alternas (Gurung 1986), sésseis, com 4-12 cm de comprimento, 1-1,5 cm de largura, margem inteira, segmentos sem margem reflexa, textura herbácea. Soros pequenos, em fila única e redonda, de cada lado das nervuras principais.

Frutificação: julho-agosto

Espécime de registo: Kakani, 2380 m, 13 de agosto de 2008, 432 (TUCH).Terrestre em partes húmidas e sombrias do chão da floresta, ocasião.

Distribuição: ECW. Nepal, alt.; 1300 m-3000 m; Himalaias, Ceilão, Índia.

Nota: No presente espécime, as pinas inferiores alternam e a alternância diminui gradualmente e torna-se sub-oposta na região superior.

Thelypteris tylodes: (Kunze) Ching. *Bull. Fan Mem. Inst. Biol. (Bot.)* **6**: 296 (1936)); Iwats., The Him. Pl. 31 :1 306 (1988); Thapa, Pterid. Nep. 19: 97 (2002). *Aspidium tylodes* [sub" xylodes"] Kunze, *Linnaea*. **24**: 244,283 (1851).

Rizoma ereto ou semi-ereto, robusto, coberto de escamas no ápice. Estípulas com 90 cm de comprimento e 1 cm de largura, quase glabras, adaxialmente estriadas, abaxialmente arredondadas, cor de palha. Frondes pinadas, lâmina com 80 cm de comprimento e 35 cm de largura, oblongas, lanceoladas, verde-escuras, pinas até 40 pares, alternas ou subopostas, sésseis, ápice longo acuminado, base truncada ou subtruncada, margem inteira, textura subcoriácea. Sori pequeno, redondo, em fila única de cada lado das nervuras principais.

Frutificação: julho-setembro

Espécime de registo: Kakani, 2375 m, 7 de setembro de 2008, Sabina 438 (TUCH). Em áreas húmidas e sombreadas de floresta, ocasião.

Distribuição: ECW. Nepal, alt.: 1500-3200 m; China, Japão, Malásia, Sul da Índia, Filipinas.

Woodsiaceae

Fetos terrestres. Rizomas geralmente longos e rastejantes, ocasionalmente curtos e ascendentes, revestidos de escamas acastanhadas. Estípulas erectas, geralmente solitárias, por vezes em tufos, bastante escamosas na base e glabras na parte superior. Frondes deltoide-ovais, de base larga, pinadas ou mais compostas, ráquis glabras; textura herbácea; nervuras livres. Sori terminal nas nervuras.

Chave dos géneros

Sori não alongado tipo *Athyrium*

Sori ligeiramente alongado *Diplazium*

Sori nitidamente alongado *Deparia*

Athyrium Roth.

Terrestres. Rizoma ereto, raramente rasteiro, coberto por escamas. Estípulas tufadas, estramíneas. Lamina pinada a tripinada, nervuras livres; pínulas glabras ou espinhosas por cima; textura herbácea. Sori redondos a alongados, simples ou duplos.

Chave para as espécies

Pinnae, deltate-lanceolate, sori de forma arredondada --------------------------------*Athyrium distans*

Pinnae ovate lanceolate, sori sub-reniformes em forma --------------------------------*A. foliolosum*

Pínulas muito finas, os soros cobrem quase toda a superfície ventral, exceto no ápice ---------

---*A. pectinatum*

Athyrium distans (D. Don) T. Moore, Ind. *Fil.*: 125 (18590. Thapa, Pterid. Nep. 19: 100 (2002); *Asplenium distans* D. Don, *Prodr. Fl. Nepal*: 9 (1825).

Rizoma ereto, coberto de escamas. Estípulas com até 20 cm de comprimento, escamosas. Frondes bipinnatifidas, deltadas-lanceoladas, com 20-22 cm de comprimento, 10-16 cm de largura; lâmina pedunculada, alternada, textura herbácea, cor de palha, segmentos finais serrilhados. Cori arredondados presentes ao longo da nervura mediana, o número de cori varia de poucos a dez; o número de cori diminui da base para o ápice e na região apical está completamente ausente.

Frutificação: agosto-outubro

Espécime de registo: Kakani, 2250 m, 7 de setembro de 2008, Sabina 428 (TUCH). Terrestre em áreas húmidas e sombreadas da floresta, ocasião.

Distribuição: CE. Nepal, alt.: 2100-2800 m; Himalaias, China, Formosa.

Athyrium foliolosum Wall. apud T. Moore ex R. Sim, *Priced Catl. Ferns* **6**: 22 (1859). Thapa,

Pterid. Nep. 19: 101 (2002); Iwats, *Fl. E. Himal.* 3: 102 (1975); Bull. Dept. Med. Pl. Nep. 56 (1986). *Asplenium fmbriatum var. foliolosum* (Wall. apud T Moore ex R. Sim) C.B. Clarke, *Trans. Linn. Soc. Lond. IIBot.* **1**: 495 (1880).

Rizoma ascendente com escamas lanceoladas acastanhadas. Estípulas com 18-20 cm de comprimento, esparsamente escamosas. Frondes bipinnatifidas, ovado-lanceoladas, com 18-25 cm de comprimento, 9-14 cm de largura; lâmina de caule curto, alternada, com 4-7 cm de comprimento, 2,5 cm de largura; o pínulo acroscópico mais baixo é o maior; ráquis costais e cóstulas ligeiramente pubescentes; veias herbáceas de textura bifurcada e livre. Sori sub-reniforme.

Frutificação: agosto - outubro

Espécime de referência: Kakani, 2300m, setembro, 2008, Sabina 406, 407 (TUCH). Terrestre em áreas húmidas e sombreadas da floresta, ocasião.

Distribuição: ECW. Nepal, alt.: 1200-3500 m; Índia, China, Paquistão, Formosa, Taiwan.

Nota: No presente estudo foram encontrados dois tipos de A. foliolosum: num tipo, os pínulos acroscópicos mais baixos são maiores e noutro tipo, todos os pínulos são do mesmo tamanho, exceto na região apical. No primeiro tipo, os pínulos estão distantes, enquanto no último tipo os pínulos alternados estão próximos.

Athyrium pectinatum (Wall. ex Mett.) T. Moore, Ind. *Fil.*: 152 (Nov. 1859).); Iwats., *Fl. E Himal.* 3: 182 (1975); Bull. Dept. Med. Pl. Nep. 59 (1986); Thapa, *Pterid. Nep.* 19: 102 (2002). *Aspleniumpectinum* Wall. ex Mett., *Abh. Senck. Naturf. Ges.* (Frankfurt) **3** (1): (Set. 1859).

Rizoma ascendente ou ereto com escamas de cor castanha escura. Estípulas erectas, delgadas, até 30 cm de comprimento, escamosas por baixo e nuas por cima, brilhantes. Frondes com 30-40 cm de comprimento, 5-15 cm de largura, oblongo-lanceoladas, 2-3 pinadas, finamente dissecadas, delicadas, com 2-3 pares de pinas inferiores subopostos e os restantes superiores alternados, sub-sésseis, de textura herbácea. Os soros cobrem quase toda a superfície ventral, exceto no ápice.

Frutificação: agosto-outubro

Espécime de registo: Kakani, 2150 m, 5 de setembro de 2008, Sabina 401 (TUCH). Terrestre em locais húmidos e sombrios da floresta, comum.

Distribuição: ECW. Nepal, alt.: 800-3200 m; Himalaias e Índia.

Deparia petersenii (Kunze) M. Kato, *Bot. Mag.* Tokyo 90: 37 (1977). *The Him. Pl.*31 :1 321 (1988);

Thapa, *Pterid. Nep.* 19: 108 (2002). *Aspleniumpetersenii* Kunze, *Anal. Pterid.* 24 (1837) Terrestre. Rizoma rasteiro, espesso, densamente escamoso. Estípulas com até 30 cm de comprimento, abaxialmente arredondadas, adaxialmente estriadas Frondes com até 40 cm de comprimento, pinadas simples, ovadas deltóides ou lanceoladas, ráquis pilosa, pinas alternas, a inferior ligeiramente peciolada, a média subséssil e completamente séssil em direção à região apical, ápice acuminado, base amplamente cuneada, margem serrilhada no ápice, inteira no resto. Sori linear de cada lado da nervura mediana.

Frutificação: agosto-outubro

Espécime de registo: Sundarijal, 2200 m, 3 de outubro de 2008, Sabina 439 (TUCH). Em zonas húmidas e sombrias da floresta, ocasião.

Distribuição: ECE. Nepal, alt.: 600-3200 m; Índia, China, Butão, Srilanka, Myanmar, Malásia, Japão, Austrália.

Diplazium polypodioides Bl., *Enum. Pl. Jav.*: 194 (1828). Iwats., *Fl. EHimal.* 3: 186 (1975); Bull. Dept. Med. Pl. Nep. 64 (1986); Thapa, *Pterid. Nep.* 19: 111 (2002).

Rizoma espesso, ascendente, com o ápice escamoso. Estípulas até 35 cm de comprimento, de cor castanho-esverdeada. Frondes com 90-100 cm de comprimento, 10 cm de largura, bipinadas, região apical serrilhada e inteira no resto, textura herbácea, superfícies glabras ou quase, pinas alternas e ligeiramente pedunculadas, mas completamente sésseis em direção ao ápice, lanceoladas, acuminadas. Sori ligeiramente alongado de cada lado da nervura central.

Frutificação: agosto-outubro

Espécime de referência: Kakani, 2380, 7 de setembro de 2008, Sabina 434 (TUCH). Terrestre em encostas húmidas e sombreadas de floresta, ocasião.

Utilizações: As frondes são utilizadas como vegetais e também utilizadas medicinalmente em estacas

Distribuição: ECW. Nepal alt.: 1400-2500 m; Himalaias, Índia do Sul, Ceilão, Birmânia, Tailândia, Indochina, China do Sudoeste, Formosa, Malásia.

Dryopteridaceae

Terrestres. Rizoma ereto a rastejante, escamoso. Estípula não articulada com o rizoma, escamosa e por vezes com pêlos. Lamina variadamente composta; nervuras livres, simples ou bifurcadas; ráquis sulcada adaxialmente, ráquis e costa escamosa ou glabra, ráquis herbácea a coriácea. Soros superficiais nas nervuras; indúsios peltados a reniformes.

<h3 style="text-align:center">Chave dos géneros</h3>

Estípulas escamosas, ráquis e costais pubescentes, soros globosos *Diacalpe*

Estípulas, ráquis e costelas esparsas a densamente escamosas, soros subglobosos, globosos ou reniformes --------------*Dryopteris*

Estípulas, ráquis e costelas densamente revestidas por escamas fibrilosas castanho-avermelhadas, soros redondos, indúsio peltado *Polystichum*

Diacalpe aspidioides Bl., *Enum. Pl. Jav.*: 241 (1828).). Iwats., *Fl. E Himal.* 3: 185 (1975); Thapa, *Pterid. Nep.* 19: 118 (2002). *Peranema aspidioides* (Bl.) Mett., Fil. *Lech.* 2: 33 (1859).

Fetos terrestres. Rizoma, ereto, forte e lenhoso, densamente revestido de escamas. Estípulas com 30-40 cm de comprimento, escamosas em toda a sua extensão. Frondes com 40-50 cm de comprimento, 20-25 cm de largura, tripinadas, submembranáceas, ráquis pubescente; pinas alternas ou subopostas, segmentos de pínulas oblongo-cuneadas, lobadas. Sori globoso, conspícuo, medial, colocado solitário em cada segmento.

Frutificação: agosto-outubro

Espécime de registo: Sundarijal, 1800 m, 1 de agosto de 2008 Sabina 250 (TUCH). Em locais húmidos e sombrios da floresta, raro

Distribuição: CE. Nepal, alt.: 1400-3000 m; Himalaias, Butão, Taiwan.

Nota: Esta é uma das espécies raras do Nepal.

<h3 style="text-align:center">Dryopteris Adans.</h3>

Terrestres. Rizoma curto, ereto ou por vezes rasteiro, densamente escamoso. Estípulas tufadas, na maior parte escamosas. Frondes amplamente ovadas a oblongo-lanceoladas, bipinadas a tripinadas. Sori sub-globoso, globoso ou reniforme; indúsio reniforme.

<h3 style="text-align:center">Chave para as espécies</h3>

Frondes tripinadas, estipes e ráquis esparsamente escamosos, soros sub-reniformes -------

---*D. carolihopei*

Frondes bipinadas, estipes e ráquis revestidos de escamas castanhas claras, soros reniformes -----

---*D. chrysocoma*

Frondes simplesmente pinadas, estipes e ráquis densamente revestidos de escamas castanhas

escuras, soros globosos -- *D. gamblei*

Frondes bipinadas, estipes e ráquis glabros, soros globosos *D. sparsa*

Dryopteris carolihopei Fraser-Jenk. *Bull. Brit. Mus. Nat. Hist. (Bot.)* **18** (5): 422 (1989).); Thapa, *Pterid. Nep.* 19: 121 (2002). *Aspidium marginatum* Wall., Lista nº 391 (1828).

Rizoma curto e rasteiro, com escamas de cor castanha clara. Estípulas com 20-40 cm de comprimento, escassamente escamosas, cor de palha. Frondes tripinadas, com 40-50 cm de comprimento e 12-20 cm de largura, deltóides, pecioladas curtas, alternas, mas nalguns espécimes um a dois pares basais são opostos ou sub-opostos e os restantes são alternos, de ápice obtuso, margem finamente serrilhada. Soros pequenos, sub-reniformes, mediais, de cada lado da nervura mediana.

Frutificação: agosto- outubro

Espécime de registo: Kakani, 2250 m, 5 de setembro de 2008, Sabina 409 (TUCH). Terrestre em zonas húmidas e sombrias da floresta.

Nome vernáculo local: Kalo-danthe Neuro

Utilizações: as frondes jovens são utilizadas como legumes verdes

Distribuição: ECW. Nepal, alt.: 1000-2400 m; Índia, China, Tibete, Butão, Myanmar.

Dryopteris chrysocoma (Christ) C. Chr., Ind. *Fil.*: 257 (1905). Iwats., *Fl. E Himal.* 3: 187 (1975); Bull. Dept. Med. Pl. Nep. 68 (1986); Thapa, *Pterid. Nep.* 19: 121 (2002*) Aspidium chrysocoma* (Christ) Christ, *Bull. Acad. Int. Geogr. Bot.* **11**: 253 (1902).

Rizoma curto, ascendente, densamente coberto por escamas acastanhadas. Estípulas com 9-10 cm de comprimento, tufadas, castanho-avermelhadas, escamosas por toda a parte. Frondes com 20-40 cm de comprimento, 10-15 cm de largura, bipinadas, lanceoladas, com pinas mais ou menos sésseis, pinas inferiores sub-opostas e superiores alternas, margem serrilhada principalmente em direção ao ápice. Sori 1-6 por segmento, confinados apenas na parte basal, indúsio reniforme.

Frutificação: agosto-outubro

Espécime de registo: Kakani, 2300 m, 30 de setembro de 2008, Sabina 478 (TUCH). Terrestre em partes sombreadas e expostas da floresta, comum.

Designação vernácula local: Chyamle

Utilizações: O sumo do rizoma é aplicado em cortes e feridas.

Distribuição: ECW. Nepal, alt.: 1900-3500 m; Himalaias, C. China.

Dryopteris gamblei (C. Hope) C. Chr., *Ind. Fil.*: 267 (1905); Fraser-Jenk. 120 (1997); Thapa, *Pterid. Nep.* 19: 122 (2002). *Nephrodium gamblei* C. Hope, *J. Bomb. Nat. Hist. Soc.* **12** (3): 533, t.7 (1899).

Rizoma curto, ereto, robusto e densamente revestido de escamas castanhas brilhantes. Estípulas com 10-15 cm de comprimento, cobertas por escamas. Frondes com 40-60 cm de comprimento e 20-30 cm de largura, simplesmente pinadas, com pinas amplamente lineares. Estípulas e ráquis densamente revestidas de escamas castanhas escuras. Pinas inferiores sub-opostas e superiores alternas, sésseis. Sori pequenos, 2-3 num segmento de cada lado da nervura central.

Frutificação: agosto-outubro

Espécime de registo: Kakani, 2350, 5 de setembro de 2008, Sabina 435 (TUCH).). Terrestre em partes sombreadas e expostas da floresta, ocasionalmente.

Distribuição: ECW. Nepal, alt.: 1900-2400 m; Himalaias, Índia, China, Japão.

Dryopteris sparsa (Ham. ExD. Don) Kuntze, *Rev. Gen. Pi.* **2**: 813 (1891). Iwats., *Fl. EHimal.* 3: 188 (1975); Bull. Dept. Med. Pl. Nep71 (1986); Thapa, *Pterid. Nep.* 19: 125 (2002*). Lastrea sparsa* (Ham ex D. Don) T. Moore. *Ind. Fil.*: 87, 104 (1858).

Rizoma curto, ereto, robusto, com escamas castanhas claras. Estípulas tufadas, com 20-30 cm de comprimento, escamosas por toda a parte. Frondes bipinadas, ovado-lanceoladas; lâmina com 20-35 cm de comprimento, 14-22 cm de largura, sendo as pinas mais baixas as maiores, com pedúnculo curto, alternas, dentadas, ráquis glabras, textura herbácea. Sori globoso, geralmente um por lóbulo, indúsio reniforme-orbicular.

Frutificação: agosto-outubro

Espécime de registo: Sundrijal, 1830 m, 1 de agosto de 2008, Sabina 249 (TUCH). Em áreas abertas e sombreadas húmidas da floresta, comum.

Designação vernácula local: Jire neuro, Kuthurke

Utilizações: Uma pasta de rizoma é aplicada em furúnculos, cortes e feridas.

Distribuição: ECW. Nepal, alt.: 100-2700 m; Himalaias, Índia, Ceilão, Birmânia, Península da Malásia, China.

Polystichum squarrosum (D. Don) Fee, *Gen. Fil.*: 278 (1852). Iwats., *Fl. E Himal.* 3: 191 (1975); Bull. Dept. Med. Pl. Nep75 (1986); Thapa, *Pterid. Nep.* 19: 134 (2002*). Aspidium squari'osum* D. Don, *Prodr. Fl. Nepal*: 4 (1825).

Rizoma curto, ereto, forte e robusto, densamente coberto por escamas castanho-escuras. Estípulas tufadas, erectas, com 15-35 cm de comprimento, densamente revestidas por dois tipos de escamas, as maiores amplamente ovadas e as mais pequenas subuladas. Frondes maiores, bipinadas; lâmina com 25-50 cm de comprimento, 10-15 cm de largura, ovado-lanceolada, alternada, sub-séssil; pínulas mais ou menos ovadas, de lados desiguais, com a face superior auriculada com dentes aristados; ráquis, costa e cóstulas densamente revestidas por escamas castanho-avermelhadas; textura sub-coriácea. Sori indusiata, compacta numa única fila de cada lado da costa.

Frutificação: julho-setembro

Espécime de registo: Panimuhan, 2200 m, 25 de julho de 2008, Sabina (TUCH). Terrestre, tanto em zonas sombrias como expostas da floresta.

Designação local em língua vernácula: Bhyagute nuro, phusre nuro, thulo nuro, rato unyu.

Utilizações: As porções tenras são utilizadas como legumes.

Distribuição: ECW. Nepal, alt.: 1150-2500 m; Himalaias, China, Butão.

Nota: No presente estudo foram encontrados dois tipos de *Polystichum*: num tipo, as pinas basais são maiores e diminuem gradualmente em direção ao ápice; noutro tipo, as pinas são de tamanhos mais ou menos iguais. No último tipo, as poucas basais (5-6 pares) carecem de soros e no estipe encontram-se dois tipos de escamas, mas no primeiro tipo, o estipe carece de escamas maiores, apenas se encontram escamas mais pequenas, e os soros estão presentes em todas as pinas.

Oleandraceae

Terrestres, raramente epífitas. Rizoma longo e rasteiro, densamente revestido por escamas. Estípulas tufadas, escamosas na base, glabras na superfície. Lamina simples, oblonga ou oblongo-lanceolada, ápice acuminado, margem inteira. Soros redondos ou reniformes, em uma ou duas filas de cada lado da nervura central.

Oleandra

Rizoma de grande extensão, caules articulados. Soros redondos, inseridos numa fila perto da base ou abaixo do centro, involucro reniforme; frondes inteiras lanceoladas-elípticas.

Chave para as espécies

Rizoma com escamas curtas e adpressas; lâmina oblonga, acuminada; soros muito pequenos numa única fila irregular perto da nervura central O. *pistillaris*

Rizoma com escamas estreitas e subuladas; lâmina subelíptico-oblonga; soros conspícuos, grandes, numa única fila regular de cada lado da nervura central ------------------------*O. wallichii*

Oleandra pistillaris (Sw.) C.Chr., Ind. *Fil. Suppl.* Ill: 132 (1934). Iwats., *Fl. E Himal. 3*: 179 (1975); Bull. Dept. Med. Pl. Nep. 51 (1986); Thapa, *Pterid. Nep.* 19: 137 (2002). *Oleandra neriformis* Cav., *Anal. Hist. Nat.* 1:115 (1799).); Bull. Dept. Med. Pl. Nep. 51 (1986).

Rizoma sub-ereto de crescimento largo, densamente coberto por escamas. Estípulas curtas, até 4 cm de comprimento. Frondes até 35 cm de comprimento e 5 cm de largura, lâmina simples, geralmente única, oblongo-lanceolada, ápice acuminado, margem ondulada e pilosa, lâmina de cor verde-amarelada, textura sub-coriácea. Soros muito pequenos, numa única fila junto à nervura central.

Frutificação: julho-agosto

Espécime de registo: Kakani, 2280, 29 de agosto de 2008, Sabina 195 (TUCH). Epífita e terrestre em lugares húmidos e sombreados da floresta, ocasião.

Distribuição: CE. Nepal, alt.: 900-1800 m; Himalaias, Índia do Norte, Península da Malásia, Filipinas.

Oleandra wallichii (Hook.) C. Presl, *Tent. Pterid.*: 78 (1836). Iwats., *Fl. E Himal.* 3: 180 (1975); Bull. Dept. Med. Pl. Nep. 51 (1986); Thapa, *Pterid. Nep.* 19: 137 (2002). *Aspidium wallichii* Hook., *Exot. Fl.* 1: t.5 (1823)

Rizoma longo e rasteiro, densamente coberto por escamas. Estípulas com 2-5 cm de comprimento, de cor castanha. Frondes com 25-35 cm de comprimento e 3-5 cm de largura, simples, sub-elípticas-oblongas, base obtusa, ápice subitamente contraído e acuminado; textura coriácea, margem ondulada e pilosa. Sori conspícuo, em fila única e grande de cada lado da nervura central.

Frutificação: julho-agosto

Espécime de registo: Panimuhan, 2250 m, 19 de julho de 2008, Sabina 388 (TUCH). Epífita em troncos de árvores cobertos de musgo e terrestre em rochas de locais sombrios, ocasionalmente.

Designação vernácula local: Jibre uneu

Utilizações: Uma pasta de rizoma é aplicada na testa para tratar a dor de cabeça e também é utilizada para tratar a deslocação de ossos.

Distribuição: ECW. Nepal, alt.: 2000-2900 m; Índia, China ocidental, Taiwan, Sudeste Asiático.

Nephrolepidaceae

Terrestres ou epífitas. Rizoma semierecto ou ereto, curto, coberto de escamas. Estípulas tufadas, glabras ou escamosas. Lamina pinada; pinas sésseis ou pouco pedunculadas; margem inteira, serrilhada ou crenada; textura fina, herbácea ou subcoriácea; Lamina verde-pálida, glabra ou escamosa. Sori redondo ou reniforme.

Nephrolepis auriculata (L.) Trimen, *J. Linn. Soc. (Lond.) Bot.* **24**: 152 (1887). Iwats., *Fl. E Himal.* 3: 179 (1975); Bull. Dept. Med. Pl. Nep. 50 (1986); Thapa, *Pterid. Nep.* 19: 137 (2002). *Nephrolepis cordifolia* (L.) C.Presl, *Tent.*

Pterid.: 79(1836).

Rizoma curto, ereto, densamente revestido de escamas; a raiz produz tubérculos carnudos esféricos. Estípulas com 5-15 cm de comprimento, tufadas, fibrosas, castanho-azeitona escuro brilhante e escamosas. Frondes com 50-90 cm de comprimento e 5 cm de largura, simplesmente pinadas, lineares-lanceoladas, juntas, alternas, sésseis, de margem crenada, subaguda ou arredondada, de textura herbácea. Soros submarginais, dispostos em fila única, arredondados, indúsio reniforme, pequeno, castanho-escuro.

Frutificação: julho-setembro

Espécime de referência: Kakani, 2400 m, 7 de setembro de 2009, Sabina 440 (TUCH). Terrestre em rochas secas expostas, bem como em áreas sombreadas da floresta. Comum.

Designação vernácula local: Pani amala, Pani saro.

Utilizações: Esta espécie é comummente cultivada como o principal feto ornamental no Nepal, juntamente com a exótica Nephrolepis exaltata e as suas cultivares. Os tubérculos carnudos são comestíveis. O sumo dos tubérculos da raiz é tomado para tratar a febre, a indigestão e a dor de cabeça.

Distribuição: ECW. Nepal, alt.: 500 m-2000 m; Trópicos e Subtrópicos do Mundo.

Nota No presente estudo, a espécie foi registada pela primeira vez a 2400 m de altitude; no estudo anterior, foi registada a uma altitude máxima de 2000 m (Iwatsuki 1975); em Papung-Bir Gaon.

Davalliaceae

Fetos epífitos e terrestres. Rizoma longo e rasteiro, carnudo, revestido de escamas. Estípulas glabras e articuladas com os rizomas (exceto em *Leucostegia*). Frondes simples a decompostas; lâmina finamente dissecada; últimos folíolos sempre desiguais na base. Soros submarginais e terminais nas nervuras.

Chave dos géneros

O rizoma apresenta escamas e pêlos; as frondes têm uma base larga; os soros são grandes --------

--- *Leucostegia*   O rizoma só tem escamas; as frondes têm uma base estreita e são finamente dissecadas; os soros são pequenos --

--- *Araiostegia*

Araiostegia pulchra (D. Don) Copel, *Philip. J. Sci.* **34**: 241 (1927). Iwats., *Fl. EHimal.* 3: 179 (1975); Bull. Dept. Med. Pl. Nep. 47 (1986); Thapa, *Pterid. Nep.* 19: 139 (2002). *Davallia pulchra* D. Don, *Prodr. Fl. Nep.* 11: (1825).

Rizoma longo e rastejante, coberto de escamas castanhas, largo-obtusas e peltadas. Estípulas com 7-15 cm de comprimento, erectas, firmes, glabras e cor de palha. Frondes com 12-35 cm de comprimento e 7-14 cm de largura, quadripinnatifidas, deltoide-lanceoladas, estreitando-se progressivamente para a parte distal, com o ápice acuminado, alternas, pedunculadas, de textura membranosa. Soros abundantes, geralmente tão largos como o segmento e situados na base dos dentes em que se inserem.

Espécime de registo: Kakani, 2280 m, 29 de agosto de 2009, Sabina 389 (TUCH). Epífita em troncos de árvores musgosas e ocasionalmente terrestre em rochas de áreas húmidas da floresta, ocasião.

Designação vernácula local: Mirmire uneu

Utilizações: O sumo do rizoma, cerca de 4 colheres de chá duas vezes por dia, é dado em caso de febre. **Distribuição:** ECW, Nepal, alt.: 800-2700 m; Himalaias, Ceilão, Índia, China.

Leucostegia immersa (Wall. ex Hook.) C.Presl, *Tent. Pterid.*: 95, t.4, f.11 (1836).). Iwats., *Fl. EHimal.* 3: 179 (1975); Bull. Dept. Med. Pl. Nep. 49 (1986); Thapa, *Pterid. Nep.* 19: 140 (2002). *Davallia immersa* Wall. ex Hook., *Sp. Fil.* **1**: 156 (1846); Clarke: 443 (1880).

Rizoma longo e rasteiro, revestido de escamas castanho-escuras. Estípulas com 8-15 cm de comprimento, erectas, abaxialmente arredondadas e adaxialmente estriadas, escamosas na base, glabras na parte superíor, castanho-claras. Frondes com 30-35 cm de comprimento e 10-20 cm de largura, quadripinnatifidas, deltoide-lanceoladas, progressivamente estreitadas em direção à parte distal, ápice acuminado, sub-opostas-alternadas (Malla et al 1986), textura herbácea. Soros grandes, conspícuos, terminais em cada um dos últimos segmentos do indúsio, semi-orbiculares.

Frutificação: julho-setembro

Espécime de registo: Kakani, 2230 m, 2009, 5 de setembro de 2009, Sabina 403 (TUCH). Em áreas ensolaradas e sombreadas da floresta, ocasião.

Designação vernácula local: Chamsure uneu

Utilizações: Aplica-se uma pasta de rizoma em furúnculos.

Distribuição: ECW. Nepal, alt.: 800-2500 m; Himalaias, Índia, China, Formosa, península da Malásia.

Nota: No presente estudo, dos quatro espécimes de *Leucostegia immerse*, em três espécimes a lâmina é alternada, enquanto num espécime o par mais baixo é suboposto e as restantes lâminas são alternadas.

Lomariopsidaceae

Rizoma lenhoso, rasteiro, revestido de escamas. Frondes simples, sésseis ou estipuladas. Sori espalhados pela superfície inferior, não confinados às nervuras.

Elaphoglossum

Rizoma lenhoso, rasteiro, revestido de escamas. Frondes simples, dimórficas, as férteis um pouco contraídas, estipes aderentes ao rizoma, mas geralmente pseudo-articuladas um pouco acima da base.

Chave para as espécies

Rizoma coberto por escamas ovadas de cor negra, soros visíveis e de cor negra --------------------

--- *E marginatum* Rizoma coberto por escamas lineares estreitas de cor castanha brilhante, sori de cor castanha, aqui as frondes estéreis e férteis são mais pequenas do que em ------------------------------------- *E stelligerum*

Elaphoglossum marginatum (Wall. ex Fee) T.Moore, Ind. *Fil.*: 89 (1857). Iwats., *Fl. E Himal.* 3: 189 (1975); Thapa, *Pterid. Nep.* 19: 142 (2002). *Acrostichum marginatum* Wall. ex Fee, *Hist. Acrost*: 31 (1845).

Rizoma lenhoso, rasteiro e largo, escamas enegrecidas, ovadas. Estípulas firmes, erectas, escamosas, estéreis 10 cm e férteis 15 cm. Fronde estéril com 42 cm de comprimento, 4 cm de largura, fronde fértil com 31 cm de comprimento, 2,5 cm de largura, margem ligeiramente revoluta na lâmina estéril, glabra, nervuras ocultas, frondes férteis um pouco contraídas. Sori conspícuo, enegrecido e disperso em toda a superfície inferior.

Frutificação: julho-setembro

Espécime de referência: Kakani, 2400 m, 12 de setembro de 2009, Sabina 448 (TUCH). Em locais húmidos e sombrios da floresta, ocasião.

Distribuição: CE. Nepal, alt.: 1400-2600 m; Himalaia, Tailândia, Indo-China, Yunnan, Formosa.

Elaphoglossum stelligerum (Wall, ex Bak.) T.Moore in *Sal., Ind. Fil.*: 89 (1857). Iwats., *Fl. E Himal.* 3: 189 (1975); Thapa, *Pterid. Nep.* 19: 142 (2002). *Acrostichum stelligerum* Wall. ex Bak., *Syn. Fil.* ed.2: 521 (1874).

Rizoma lenhoso, rasteiro, escamas castanhas brilhantes, estreitas e lineares. Estípulas firmes, erectas, escamosas, estéreis 9 cm e férteis 13 cm. Frondes linear-lanceoladas, fronde estéril com 22 cm de comprimento, 3,5 cm de largura; fronde fértil com 20 cm de comprimento, 2 cm de largura, margem ligeiramente revoluta na lâmina estéril. Sori de cor castanha, cobrindo quase toda a superfície inferior.

Frutificação: julho-setembro

Espécime de registo: Sundarijal, 1850 m, 1 de agosto de 2009, Sabina 247 (TUCH). Em locais húmidos e sombrios da floresta.

Distribuição: ECW. Nepal, alt.: 900-1900 m; Himalaias, Birmânia, Tailândia do Norte, Annam,

China do Sudoeste.

41

Lista das espécies de plantas, sua família, nome local, hábito, data de recolha, número de registo, localidade e altitude, floração e frutificação e suas utilizações,

S No.	Botanical Name	Local Name	Habit	Coll. Date	Vou. No.	Locality & Altitude	Fl. & Fr.	Uses
	Pteridophytes							
	Lycopodiaceae							
1	**Huperzia hamiltonii** (Spreng.) Trevis		Epi	25Jul-08	S.S. 444	Kakani. 2350 m	June-July	
2	**Huperzia**		Ter	25Jul-	482	Kakani.	June-July	

				08		2000 m		
	pulchermia (Wall. ex Hook. & Grev.) Pich. Serm.							
3	**Lycopodium japonicum** Thunb. ex Murray	Nagbeli jhar; Lahare jhyau	Ter	28Jul-08	494	Sundarijal, 1900 m	June-July	
	Selaginellaceae							
4	**Selaginella chrysocaulos** (Hook. & Grev.) Spring		Ter	28Jul-08	218	Sundarijal, 1700 m	June-July	M
	Equisetaceae							
5	**Equisetum ramosissimum** Desf.	Ankhe jhar	Ter	26Jun-08	233	Sundarijal, 1750 m	June-July	M. & FO
	Ophioglossaceae							
6	**Botrychium lanuginosum** Wall. ex Hook. & Grev.	Jaluko	Ter	28Aug-08	492	Kakani, 2200 m	July-Aug	M
7	**Botrychium multifidum** (Gmel.) Rupr.	Bayakhra	Ter	25-Aug-08	479	Kakani, 100 m	July-Aug	M
	Gleicheniaceae							
8	**Dicranopteris linearis** (Burm. f.) Undrew.	Hade unyu	Ter	2-Aug-08	251	Sundarijal, 1820 m	July-Aug	M
9	**Gleichenia gigantea** Wall. ex Hook. & Bauer	Hade unyu	Ter	29-Aug-08	387	Kakani, 2200 m	July-Aug	
	Polypodiaceae							
10	**Arthromeris tenuicauda** (Hook.) Ching		Ter	28-Jul-08	390	Kakani, 2100 m	June-July	
11	**Arthromeris wallichiana** (Spreng.) Ching	Chhepare unyu	Ter or Epi Or lit	25-Jul-08	427	Kakani, 2100 m	June-July	

	Botanical name	Local name	Habit	Date	No.	Locality	Period	Use
12	**Selliguea oxyloba** (Wall. ex Kunze) Fraser-Jenk		Epi	6-Sep-08	430	Kakani, 2250 m	Sep-Nov	
13	**Lepisorus mehrae** Fraser-Jenk.		Epi or Ter	20-Jul-08	194	Panimuhan, 2200 m	June-July	
14	**Loxogramme cuspidata** (Zenker) M. G. Price		Epi	29-Aug-08	386	Kakani, 2250 m	July-Aug	
15	**Microsorum membranaceum** (D. Don) Ching		Ter or Epi	28-Aug-08	425	Kakani, 2250 m	July-Aug	
16	**Polypodiodes amoena** (Wall. ex Mett.) Ching	Bish phej	Epi or Ter	28-Jul-08	433	Kakani, 2230 m	June-July	M
	Hymenophyllaceae							
17	**Hymenophyllum exsertum** Wall. ex Hook.		Epi	23-Jul-08	498	Sundarijal, 2300 m	June-July	
	Cyatheaceae							
18	**Cyathea spinulosa** Wall. ex Hook.		Ter	28-Aug-08	582	Kakani, 2250 m	July-Aug	Veg.
	Adiantaceae							
19	**Adiantum capillus-veneris** L	Pakhale unyu	Ter	15-Jul-08	454	Kakani, 2225 m	June-July	M
20	**Adiantum caudatum** L.	Dan sinki	Ter	28-Jul-08	455	Kakani, 2400 m	June-July	M
21	**Adiantum philippense** L.	Kani unyu	Ter	10-Jul-08	452	Kakani, 2400 m	June-July	M
22	**Adiantum raddianum** C. Presl		Ter	23-Jul-08	461	Sundarijal, 1700 m	April-July	M
	Pteridaceae							
23	**Onychium japonicum** (Thunb.) Kunze		Ter	22-Jun-08	283	Sundarijal, 1700 m	June-July	M
24	**Onychium**	Seto sinki	Ter	10-Jul-	405	Sundarijal,	June-July	M

No.	Species	Local name	Habit	Date	No.	Locality, Altitude	Fertile period	
	siliculosum (Desv.) C. Chr.			08		2000 m		
25	**Pteris aspericaulis** Wall. ex Agardh	Pire unyu	Ter	25-Jun-08	404	Kakani, 2200 m	June-July	M
26	**Pteris cretica** L.		Ter	8-Jul-08	282	Sundarijal, 1850	June-July	
	Vittariaceae							
27	**Vittria himalayensis** Ching		Epi	25-Aug-08	449	Kakani, 2400 m	July-Aug	
	Dennstaediaceae							
28	**Microlepia dubia** (Roxb. in Griff.)		Ter	7-Sep-08	429	Kakani, 2370m	July-Sep	
	Aspleniaceae							
29	**Asplenium ensiforme** Wall. ex Hook. & Grev.		Ter or Epi	12-Jul-08	452	Kakani, 2400 m	June-July	
30	**Asplenium yoshinagae** Makino subsp. **indicum** (Sledge) Fraser-Jenk.		Ter or Epi	25-Jul-08	342	Kakani, 2000 m	June-July	
	Thelypteridaceae							
31	**Thelypteris molliuscula** (Kuhn) K. Iwats.		Ter	13-Aug-08	432	Kakani, 2380 m	July-Aug	
32	**Thelypteris tylodes** (Kunze) Ching		Ter	7-Sep-08	438	Kakani, 2375m	July-Sep	
	Woodsiaceae							
33	**Athyrium distans** (D. Don) T. Moore		Ter	8-Sep-08	428	Kakani, 2250 m	Aug-Oct	
34	**Athyrium foliolosum** Wall. apud T. Moore		Ter	9-Sep-08	406, 407	Kakani, 2300 m	Aug-Oct	
35	**Athyrium pectinatum** (Wall. ex Mett.) T.		Ter	5-Sep-08	401	Kakani, 2150 m	Aug-Oct	

	Moore							
36	**Deparia petersenii** (Kunze) M. Kato		Ter	3-Oct-08	439	Sundarijal, 2200 m	Aug-Oct	
37	**Diplazium polypodioides** Bl.		Ter	7-Sep-08	434	Kakani, 2380 m	Aug-Oct	
	Dryopteridaceae							
38	**Dicalpe aspidioides** Bl.		Ter	1-Aug-08	250	Sundarijal, 1800 m	Aug-Oct	
39	**Dryopteris carolihopei** Fraser-Jenk.	Kalo-danthe-Neuro	Ter	5-Sep-08	409	Kakani, 2250 m	Aug-Oct	Veg.
40	**Dryopteris chrysocoma** (Christ) C. Chr.	Chyamle	Ter	30-Sep-08	478	Kakani, 2300 m	Aug-Oct	M
41	**Dryopteris gamblei** (C. Hope) C. Chr.		Ter	5-Sep-08	435	Kakani, 2350 m	Aug-Oct	
42	**Dryopteris sparsa** (D.Don) Kuntze	Jire Neuro	Ter	1-Aug-08	249	Sundarijal, 1830 m	Aug-Oct	M
43	**Polystichum squarrosum** (D. Don) Fee	Bhyagute Neuro	Ter	25-Jul-08		Panimuhan, 2200 m	July-Sep	Veg.
	Oleandraceae							
44	**Oleandra pistillaris** (Sw.) C. Chr.		Epi or Ter	29-Aug-08	195	Kakani, 2280 m	July-Aug	
45	**Oleandra wallichii** (Hook.) C. Presl	Jibre uneu	Epi or Ter	19-Jul-08	388	Panimuhan, 2250 m	July-Aug	M

	Nephrolepidaceae							
46	**Nephrolepis auriculata** (L.) Trimen	Pani amala	Ter	7-Sep-08	440	Kakani, 2400 m	July-Sep	Or. Fr,M
	Davalliaceae							
47	**Araiostegia pulchra** (D. Don) Copel.	Mirmire uneu	Epi or Ter	29-Aug-09	389	Kakani, 2280 m	July-Sep	
48	**Leucostegia**	Chamsure	Ter	5-Sep-	403	Kakani,	July-Sep	M

	immersa (Wall. ex Hook.) C. Presl	uncu		09		2230 m		
	Lomariopsidaceae							
49	**Elaphoglossum marginatum** (Wall ex Fee) T. Moore		Ter	12-Sep-09	448	Kakani, 2400 m	July-Sep
50	**Elaphoglossum stelligerum** (Wall ex Bak.) T. Moore		Ter	1-Aug-09	247	Sundarijal, 1850 m	July-Sep

Das 50 espécies, duas espécies de fetos, *Adiantum raddianum* C. Presl. foi registada como nova adição a esta área e *Cyathea spinulosa* Wall. ex Hook. como espécie ameaçada. Cinco fetos raros, nomeadamente *Adiantum caudatum, Adiantum raddianum. Diacalpe aspidioides, Loxogramme cuspidata* e *Vittaria himalayensis* foram registados na área de estudo.

CAPÍTULO 4

Fotografias

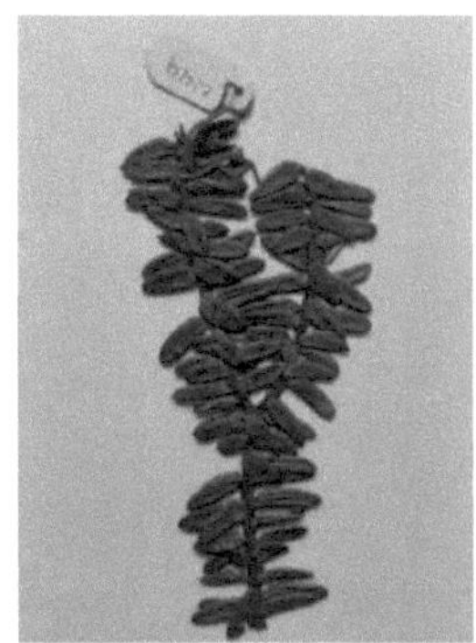

Huperzia hamiltonii

Huperzia hamiltonii (venrtal surface)

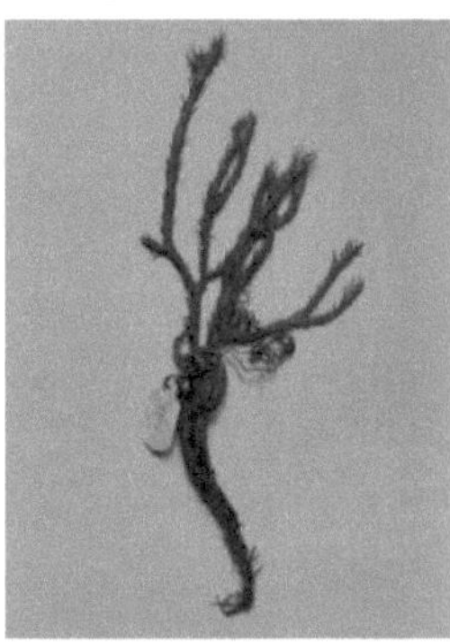

Huperzia pulcherima

Huperzia pulcherima (sporangia)

Lycopodium japonicum

Lycopodium japonicum (strobili)

Selaginella chrysocaulos

Selaginella chrysocaulos (spike)

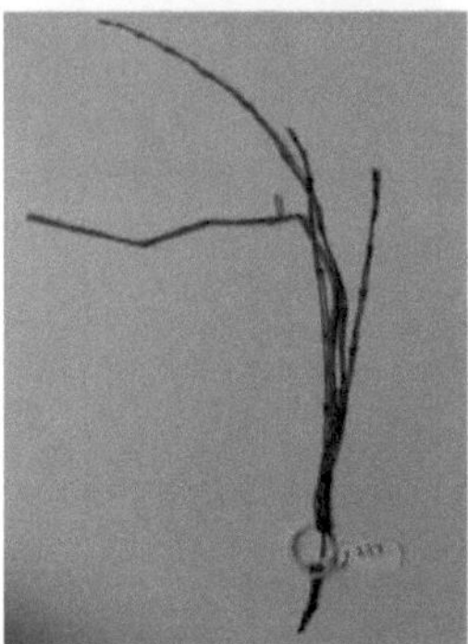

Equisetum ramosissimum

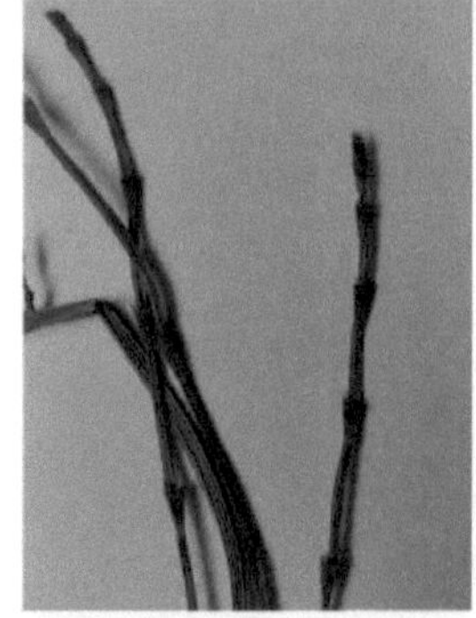

Equisetum ramosissimum

Botrychium lanuginosum

**Botrychium lanuginosum (fertile branch
at middle)**

Botrychium multifidum

Botrrychium multifidum (fertile branch)

Gleichenia gigantea

Gleichenia gigantea (sori)

Dicranopteris linearis

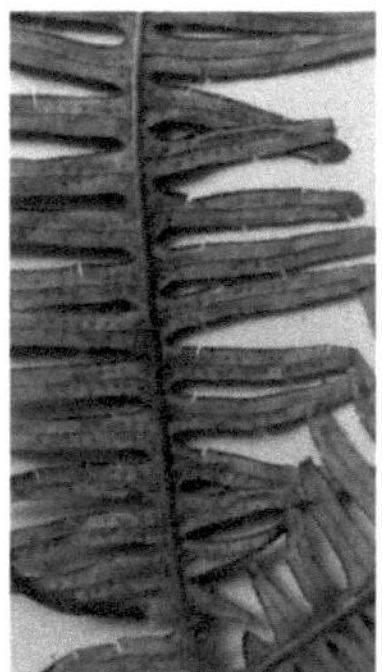

Dicranopteris linearis (sori)

Arthromeris wallichiana

Arthromeris wallichiana (sori)

Polypodioides amoena

Polypodioides amoena (sori).

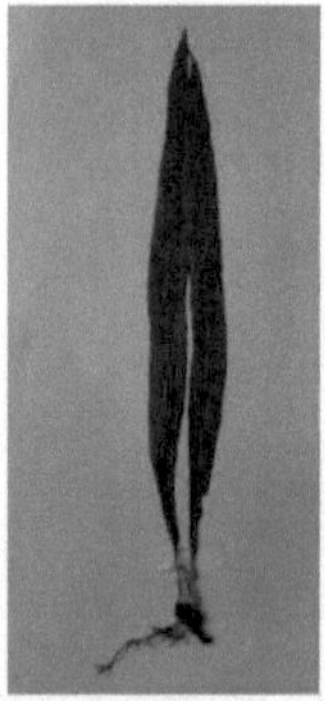

Lepisorus mehrae

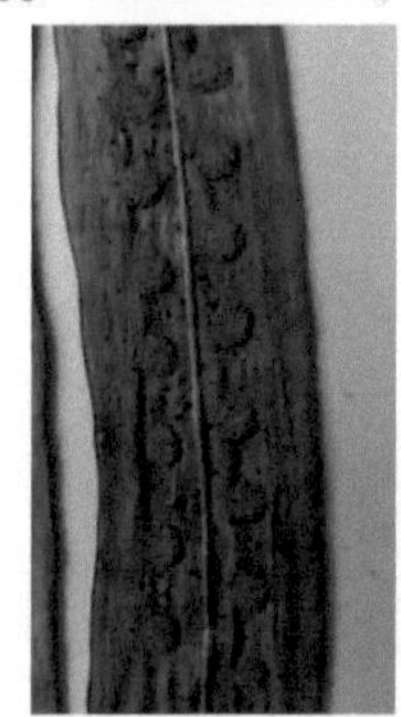

Lepisorus mehrae (sori)

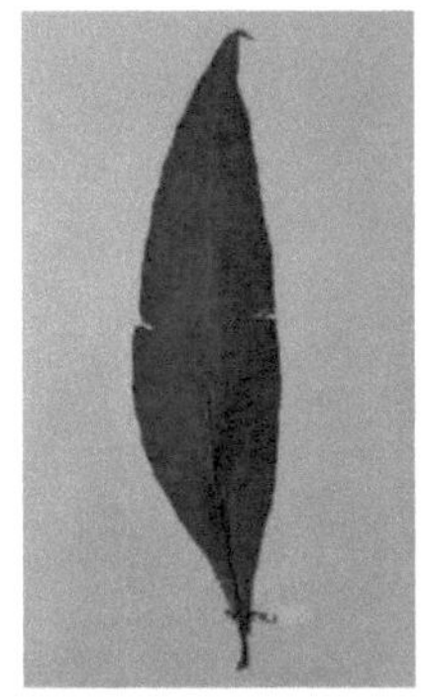

Microsorum membranaceum

Microsorum membranaceum (sori)

Selliguea oxyloba

Selliguea oxyloba (sori)

Hymenophyllum exsertum

Hymenophyllum exsertum (sori)

Adiantum raddianum

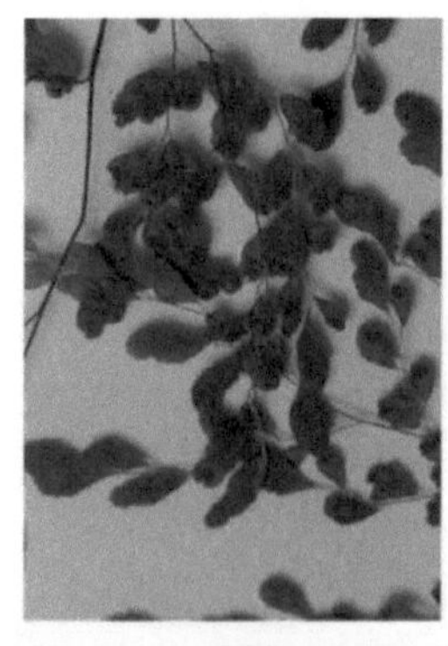

Adiantum raddianum (sori)

Adiantum caudatum

Adiantum caudatum (sori)

Adiantum capilllus veneris

Adiantum capillus veneris

Adiantum philippense

Adiantum philippense (sori)

Onychium japonicum

Onychium japonicum (sori)

Onychium siliculosum

Onychium siliculosum (sori)

Pteris aspericaulis

Pteris aspericaulis (sori)

Pteris cretica

Pteris cretica (sori)

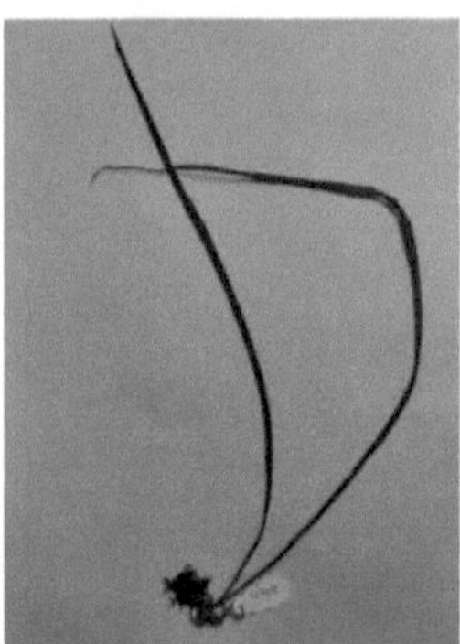

Vittaria himalayensis

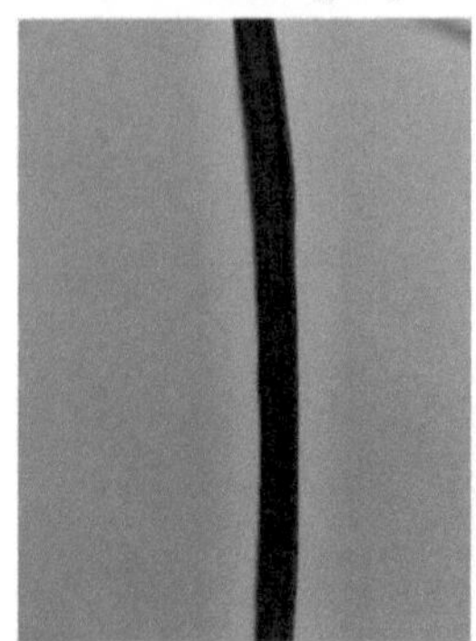

Vittaria himalayensis (sori)

Microlepia dubia

Microlepia dubia (sori)

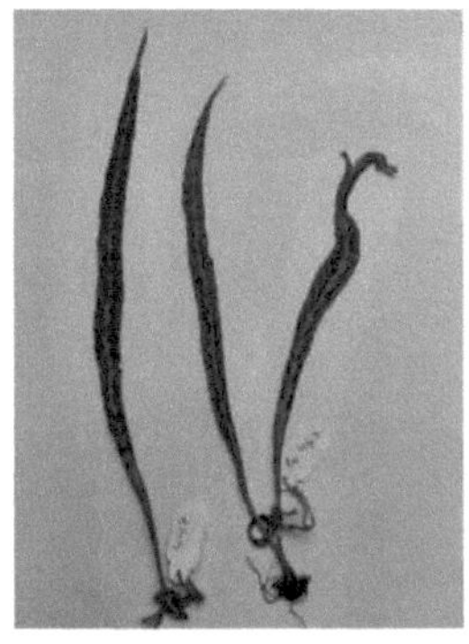

Asplenium ensiforme

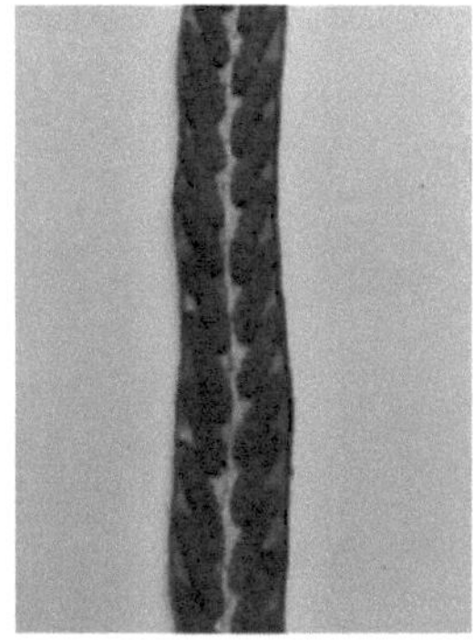

Asplenium ensiforme (sori)

Asplenium ensiforme (sori) (2)

Asplenium yoshinagae sub species indicum

Asplenium yoshinagae subsp. indicum (sori)

Thelypteris molliscula

Thelypteris molliscula (sori)

Thelypteris tylodes

Thelypteris tylodes (sori)

Athyrium distans

Athyrium distans (sori)

Deparia petersenii

Deparia petersenii (sori)

Athyrium pectinatum

Athyrium pectinatum (sori)

Diplazuim polypodiodes

Diplazium polypodioides (sori)

Dryopteris chrysocoma

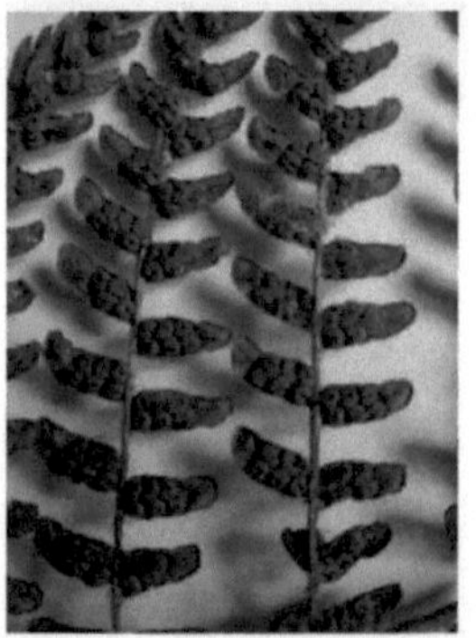

Dryopteris chrysocoma (sori)

Dryopteris carolihopei

Dryopteris carolihopei (sori)

Dryopteris sparsa

Dryopteris sparsa (sori)

Diacalpe aspidiodes

Diacalpe aspidioides (sori)

Dryopteris gamblei

Dryopteris gamblei (sori)

Oleandra wallichii

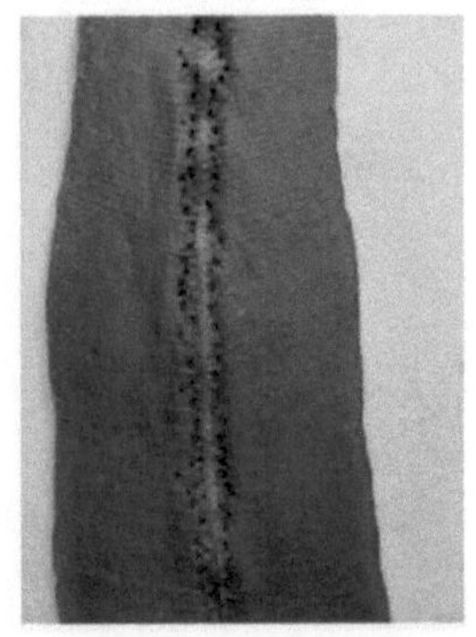

Oleandra wallichii (sori)

Nephrolepis auriculata

Nephrolepis auriculata (sori)

Araiostegia pulchra

Araiostegia pulchra (sori)

Leucostegia immersa

Leucostegia immersa (sori)

Elaphoglossum marginatum

Elaphoglossum marginatum (sori)

Elaphoglossum stelligerum

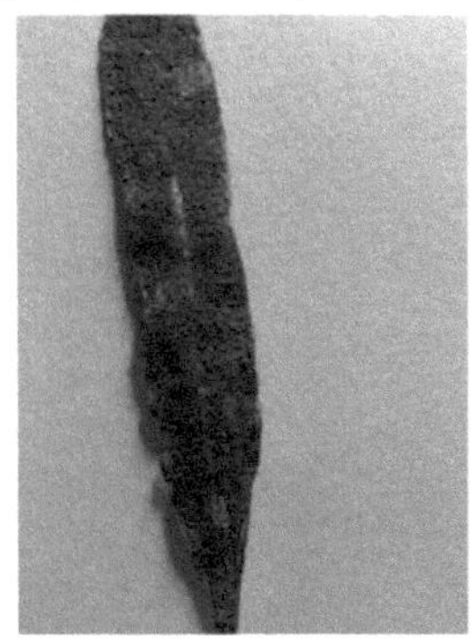

Elaphoglossum stelligerum (sori)

Referências

Ambasta, S.P. 1986. *The Useful Plant of India* CSIR, New Delhi.

Banerji, M.L. 1961. Ophioglossales in Nepal. *J. Bombay Nat. Hist. Soc.* 58 (2): 554-557.

Banerji, M.L. 1972. A Collection of Ferns from Eastern Nepal (Uma coleção de fetos do Nepal Oriental). *Candollea* 27 (2): 268-281.

Beddome, R. H. (1883*): Handbook to the ferns of British India* Ceylon and the Malay Peninsula 1-501. Calcutá. Reimpresso em 1976. Nova Deli.

Bhattarai, K.R. 1997. Fetos e fetos aliados do vale de Pokhara. W. Nepal. *J. Nat. Hist. Mus.* **16**: 54-61. Nepal.

BPP (Projeto de Perfil da Biodiversidade). 1995. Biodiversity Profile of the Terai/Siwalik Physiographic Zones (Perfil da Biodiversidade das Zonas Fisiográficas Terai/Siwalik). Projeto de Perfil da Biodiversidade, Publicação n° 12, *Departamento de Parques Nacionais e Conservação da Vida Selvagem*, Katmandu, Nepal. Clarke, C. B. 1880. *A review of the ferns of Northern India* etc. Trans. Linn. Soc. (Lond.), Ser. 2, Bot, 1: 425 -619.

Clarke, C. B. 1880. *A review of the ferns of Northern India* etc. Trans. Linn. Soc. (Lond.), Ser. 2, Bot, 1:425 -619.

Fraser Jenkins C. R. 2008. *Revisão taxonómica de Three Hundred Indian Subcontinental*

Pteridófitas com uma lista de recenseamento revista. 1-685. Bishen Singh Mahendra Pal Singh Dehra Dun Índia.

Gurung, V.L. 1986. *Flora do Vale de Kathmandu*: Pteridófitas. (Ed.) Malla, S.B. Bull. Dept.

Med. Plantas **11**: 1-111. Nepal.

Gurung, V.L. 1997. Distribuição da Flora de Pteridófitas nos Himalaias do Nepal. *Proc.Second Natn.*

Congr. Ciência e Tecnologia. 8-11 de junho. 1994. Kathmandu.

Hagen, T. 1960. *A brief survey of geology of Nepal*. United Nations Commissioner for technical consistence, Department of Economic and Social affairs, preparado para o Governo do Nepal.

HMGN/MFSC. 2002. *Estratégia de Biodiversidade do Nepal*. Governo de Sua Majestade do Nepal.

Iwatsuki, K. 1988. *An Enumeration of the Pteridophytes of Nepal. The Himalayan Plants*, Vol. 1. Eds. H. Ohba e S.B. Malla, pp. 231-399, Museu da Universidade, Boletim 31 da Universidade de Tóquio, Universidade de Tóquio, Japão

Jain, S.K. 1991. *Dicionário de medicamentos populares indianos e etnobotânica*. Deep Publ. Nova Deli, Índia

Mani, M.S. 1984. Himalayan Zones and Vegetation. *Nepal Nature's Paradise*. Ed. T.C. Majupuria White Lotus Ltd. Banguecoque.

Malla, S.B., Shrestha, A.B., Rajbhandari, S.B., Shrestha, T.B., Adhikari, P.M. e Adhikari, S.R. 1986. *Flora of Kathmandu Valley*. Bula. Dept. Med. Plants, Nepal No. 11, Dept. of Med. Plants, HMG Nepal, Kathmandu.

Pandey, B.D. 1962. Some Aspects of Vegetation of Nepal (Alguns Aspectos da Vegetação do Nepal). *Bull. Bot. Surv. India* **4** (1-4): 137-140

Press, J.R., Shrestha, K.K. e Sutton, D.A. 2005. *Annotated Checklist of the Flowering Plant of Nepal* (revisto e atualizado) [www.Efloras.Org; www.florafnepal.org].

Shani, K.C. 1981. Panorama botânico dos Himalaias Orientais. *The Himalaya Aspects of change*. Ed. J.S. Lal, pp. 32-44. Oxford University Press, Nova Deli, Índia.

Shrestha, T.B. e Joshi, R.M. 1996. *Rare Endemic and Endangered Plants of Nepal*. WWF, Programa do Nepal, Katmandu.

Shrestha, T.B. 1998. Plant Conservation in Nepal. A country Paper Presented in India Subcontinent Plant Specialist group meeting at Corbett National park, India, 7-9 January1998.

Siwakoti, M. e Sharma, P. 1998. Fern flora of Eastern Nepal (Koshi zone). *J. Econ. Tax. Bot.* 22 (3): 601-608.

Thapa, N. 2000. Ferns and Fern Allies of the Milke-jaljale Area, Nepal, in the Eastern *Himalayas. Newsletter of Himalayan Botany* **27**: *8-17. Sociedade de Botânica dos Himalaias*. Tóquio.

Thapa, N. 2002. *Pteridófitas do Nepal*. Eds. M.S. Bista, M.K. Adhikari e K.R. Rajbhandari. Ministério das Florestas e Conservação do Solo, Departamento de Recursos Vegetais. Herbário Nacional e Laboratórios de Plantas. Godavary, Lalitpur, Nepal.

Clarke, C. B. 1880. *A review of the ferns of Northern India* etc. Trans. Linn. Soc. (Lond.), Ser. 2, Bot, 1: 425 -619.

Malla, S.B., Shrestha, A.B., Rajbhandari, S.B., Shrestha, T.B., Adhikari, P.M. e Adhikari, S.R. 1986. *Flora of Kathmandu Valley*. Bula. Dept. Med. Plants, Nepal No. 11, Dept. of Med. Plantas, HMG Nepal, Catmandu

I want morebooks!

Buy your books fast and straightforward online - at one of world's fastest growing online book stores! Environmentally sound due to Print-on-Demand technologies.

Buy your books online at
www.morebooks.shop

Compre os seus livros mais rápido e diretamente na internet, em uma das livrarias on-line com o maior crescimento no mundo! Produção que protege o meio ambiente através das tecnologias de impressão sob demanda.

Compre os seus livros on-line em
www.morebooks.shop

info@omniscriptum.com
www.omniscriptum.com

Printed by Books on Demand GmbH, Norderstedt / Germany